# あがりこの生態誌

鈴木和次郎 著

J-FIC

# はじめに

## 「あがりこ」との出会い

「あがりこ」とは、東北地方の多雪地帯に見られる人為的に作られたブナの独特の樹形とされている（中静ら、2000）。地上2～3m付近で主幹を失い、その部分で幹がこぶ状となって肥大化し、そこから多数の枝が発生する。その語源ははっきりしないが、地際からあがった場所に、多くの側枝（萌芽幹）が発生しているところから来ているものと思われる。

「あがりこ」という樹形のブナがあることは、林業、林学関係者には比較的広く知られているものの、実物を目にしたことのある人は少なく、実態を理解している人も多くない。日本を代表するブナのあがりこといえば、秋田県にかほ市象潟町（きさかたまち）の鳥海国定公園内にある「あがりこ大王」と呼ばれる巨木が有名である。あがりこ大王に近接する獅子ヶ鼻湿原とその周辺は、2001年に国の天然記念物に指定され、観光客が多く訪れるようにな

ブナのあがりこ（左）とあがりこ型樹形のサワラ（右）

り、湿原の周囲にあるブナのあがりこも知られるようになった。これは、当時文化庁の職員であった蒔田明史氏(現秋田県立大学教授)が注目し、京都大学生態学センターの中静透氏(現総合地球環境学研究所特任教授)らが象潟町の依頼を受けて詳細な調査を行い、学会誌で報告(中静ら、2000)したことに始まっている。この報告があがりこの学術的調査の最初といってもよい。

私自身、若いころから「あがりこ」という言葉は知っていたし、その樹形についても何となく思い浮かべることができていた。しかし、実物を最初に見たのは、盛岡の森林総研東北支所勤務のころである。当時、岩手大学演習林の助手をしていた杉田久志氏(後に森林総研)が岩手県雫石町にある岩手大学御明神演習林内の大滝沢試験地を案内してくれた時、試験地への入り口にあったあがりこを見せてくれたことを記憶している。その時は、それほど関心を持つこともなく写真すら撮らなかった。もっとも、紹介してくれた本人も全く記憶がないと言う。盛岡に6年ほど勤務していた間、東北地方各地のブナ林を調査したり見て歩いたりしたが、実のところ他でブナのあがりこを見た記憶がない。名前だけは知れ渡っていたものの、あがりこはまさしく幻の存在でしかなかったのである。

私が本格的にあがりこに関心を持ち調査するようになったのは、長野県松川村の有明山山麓に分布するあがりこ型樹形のサワラ林がきっかけである。森林総研木曽試験地の岩本宏二郎君のところに、長野県安曇野市に住む河守豊滋氏から奇形になったサワラの巨木についての問い合わせがあり、森林総研で私の隣の研究室に所属していた島田健一君のところにその木の写真が届けられてきた。私自身、一風変わったサワラの樹形に興味を持ったので、木曽試験地に寄って岩本君から直接話を聞き、松本市に住んでいる大学時代の友人で長野県工業試験場の研究員であった上田友彦君に車を出してもらい現地に行ってみた。

サワラが生育する中信森林管理署馬羅尾国有林は、松川村中心部から有明山に向かって芦間川を車で遡り、途中林道が途切れる場所から有明山登山道を行くとすぐにあった。初めて見るその付近のサワラは異様であった。通常サワラなどの針葉樹は、単幹通直で主幹の枝分かれなど見られない。ところがこの有明山山麓のサワラは、幹がとてつもなく太いだけではなく、地上部2～3m付近で枝分かれをし、主幹を欠いていた。そこには伐り跡があり、明らかに人手の痕跡が見られた。面白いと思った。このサワラの特異な樹形は、過去の人の利用によって形作られたものであり、あがりこの一形態に違いないと確信し、その解明に取り組んでみたいと考えた。これが私のあがりこ調査研究の始まりである。

あがりこの生態誌

もくじ

写真:キャプションに表示のない写真は著者撮影
装丁・制作:風光舎 熊倉 彰

# 第1章　あがりことは何か?

## 1. あがりこの定義

本来、「あがりこ」とは、台伐り萌芽によって形成されたブナの特異な樹形を指すが、ブナ以外にも、こうした樹形が見られる。そこで、本書では、台伐り萌芽によって形成された「あがりこ」の樹形に類似した樹形を総称し、「あがりこ型樹形」という用語を用い、区別することにした。正確を期するためである。いわば、前者は狭義の「あがりこ」であり、後者は広義の「あがりこ」と呼ぶべきものである。「あがりこ型樹形」は、地上部2～3m付近で幹が肥大化し、そこから多数の幹(側枝)が発生している特異な樹形である。これはブナなどによく見られ、東北地方の多雪地帯に広く分布すると言われている。その成り立ちは、雪上伐採により地上部を利用しつつ、株(個体)を維持し、そこからの萌芽幹(枝)を繰り返し利用することによる。雪上伐採されたあがりこの材は、主に薪として利用されてきた。このような木材生産法＝施業法は、林業(林学)的には頭木更新法(台伐り萌芽更新法)と呼ばれてきた(山内・柳沢、1973)。

台伐り萌芽更新は、まず主幹を地上部2～3mの位置で台伐りし、そこから発生する萌芽幹(枝)を育成する。萌芽幹(枝)が利用サイズに達した段階で、再度萌芽幹(枝)を伐採、利用することを繰り返して行う木材生産法である。萌芽した幹を繰り返し利用するという点では、萌芽更新の一つと言えるが、伐採位置が高いことが大きな特徴である。伐採位置が高いのは、伐採が雪上で行われるため、積雪深の影響と考えられる。しかし、あがりこ型樹形は、太平洋側の少雪地帯でも見られ、必ずしも積雪深とは関係ない場合もある(大住、2014)。また、あがりこの特徴として、台伐り萌芽を行った伐採位置でこぶ状の異常成長が見られ、伐採位置全体が肥大化する。さらに成長した萌芽幹枝を支えるために元幹にも肥大成長が見られ、主幹が巨木化する傾向も見られる。

一方、ヨーロッパ地域では、あがりこ型樹形と同じ樹形を持つポラード(pollard)が広く存在する(Rackham, 1998)。こちらも本来は、地際での伐採と萌芽利用を行う萌芽更新法だったが、牧畜業が盛んで、萌芽枝が家畜によって採食されてしまう。これを回避するため、伐採位置を家畜の採食高(grazing line)より高くしたことにより生まれたものと言われる。ブナのあがりこでは、主に燃料用の薪材生産を目的とするが、ヨーロッパの場合は、燃料材生産の他、家畜の飼料や緑肥、垣根の材料の生産を目的とする場合もある。

## 2. あがりこ型樹形の形態

一言で、あがりこ型樹形と言っても一様ではなく、多様な形がある。あがりこ型樹形の育成・管理は萌芽更新の一つであるが、通常の萌芽更新で行うような地際で伐採し地表面近くから萌芽枝を発生させる更新法(coppice)とは異なる。イギリス、ケンブリッジ大学の有名な景観生態学者Oliver Rackham教授は、彼の著書の中であがりこと同じ樹形をもつ台伐り萌芽によって形成される樹形の類型化を行っている（Rackham, 1998；図1-1参照）。これによれば、台伐り萌芽起因の樹形は大きく三つのタイプに分けられるようである。一つはpollarding（台伐り）によって形成されるタイプである（図1-1 a）。これは、さらに主幹を台伐りする型（a-1）と、太い下枝を残し主幹とともに台伐りする型（a-2）に類別される。そして、そこから発生した萌芽幹（枝）を育成し、繰り返し伐採、利用する。したがって、萌芽幹（枝）は、最初に台伐りした主幹付近からのみ発生する。前項であがりこ型樹形は、地上2～3m付近で幹を台伐りした後にそこから多数の幹（側枝）が発生しているとしたことから、あがりこ型樹形はpollardと同義といえる。また、Rackham教授は、側枝を切り落とす枝切り萌芽（shredding）についても台伐り萌芽の一形態としている（図1-1 bとc）。Shreddingは、側枝を切り落とし、そこから発生する萌芽枝を繰り返し伐採利用するが、主幹を伸ばす場合（b）と詰める場合（c）がある。またshreddingのやり方には、側枝の基部で落とす場合（b）と側枝の基部を少し残しそこから萌芽させる方法（c）があり、樹形が若干異なる。そして、最後の現代スペイン型（d: modern Spanish style of pollard）は、主幹の台伐りを行った後、側幹・枝を横方向に伸ばし、その上に発生する側枝を繰り返し伐採利用する。本書では、pollardをあがりこ（あがりこ型樹形）としてとらえるが、Rackham教授が指摘するshreddingについても、樹形は異なるが利用や生態があがりこ型樹形に近似していることから、その一部として取り上げることとする。Pollardにせよshreddingにせよ萌芽幹・枝を繰り返し伐採利用し、独特の樹形を形成させるという点では共通する。そこには、樹木個体を殺さず、あるいは樹勢を衰えさせることなく、その材の一部を伐採、利用するということがあると言えよう。

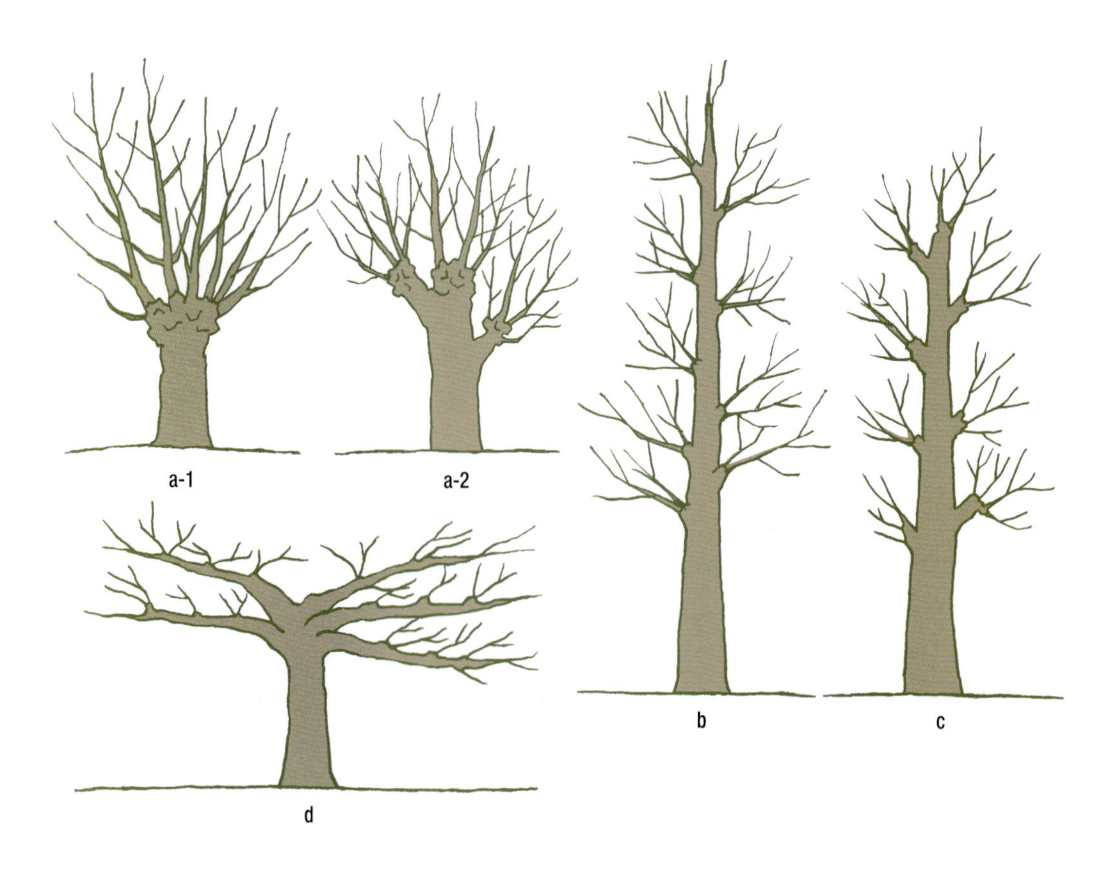


**図1-1　Pollardの類型**　Rackham（1998）の図を参考に作成。

## 3. あがりこ型樹形の目的と管理法(台伐り萌芽更新)

これまでに述べた萌芽(coppice)、台伐り萌芽(pollard)、枝切り萌芽(shredding)は、いずれも主幹や枝を繰り返し伐採し、萌芽を発生させて利用している。それでは、萌芽とは何だろうか?

### (1)萌芽とは何か?

萌芽とは、主要な幹や枝の成長とは別に、幹枝の損傷や樹体の生理的な衰退などの状況下に、主幹や枝を補うために新たな幹枝が発生、成長する現象を言う。萌芽の端的な例は、幹や主要な枝が伐採、あるいは損傷した場合に取って代わる幹枝を発生させることである。その他、カツラやシイ類のように、不確実な攪乱に伴う幹への損傷に備える萌芽のメカニズムも存在する(酒井、1997)。萌芽発生の基(原基)となるものは、幹枝根系に存在する定芽と形成層から発生する不定芽である。萌芽の基となる定芽には、すでに樹体に多数存在する成長点で、樹体損傷の際にのみ活性化する休眠状態にある芽(休眠芽)と、常時萌芽幹や枝の芽として存在するものがあり、樹種によって異なる。前者はコナラ、ミズナラなどブナ科樹木、各種サクラ類、シデ類など(写真1-1左)が代表的である。一方、後者は、カツラ、フサザクラ、サワグルミ、マテバシイなど(写真1-1右)が代表的である。定芽は根系にも存在するので、根萌芽もある。根萌芽は、地下茎の上に存在する定芽から地上茎が発生、成長する現象で、しばしば幹が成長し、お互いに結び付き、巨大なクローンとして成長する。代表的な樹種としては、ドロノキやヤマナラシなどヤナギ科植物、そしてシウリザクラ(小川ほか、1999)などがある。北米では、47,000個のramets(栄養繁殖で形成された娘個体)からなり34.3haを占有する巨大なAmerican aspen(*Populus tremuloides*)のクローン個体が報告されている(Kemperman and Barns, 1976)。このように萌芽は、一般的に定芽由来のものが多いが、不定芽由来のものもある。不定芽は、幹を伐採損傷した場合など、露出した形

**写真1-1　萌芽の形態**　伐採により発生したブナの萌芽幹(左)と常時、萌芽幹を持つカツラ(右)。

成層にカルスが形成され、それが芽となり最終的に幹として成長する。こうした萌芽特性は、トチノキやケヤキなどに見られる。ケヤキは定芽由来の萌芽もあるので、二系統の萌芽特性を持つ。

### (2)萌芽更新

萌芽林(coppice)は、広葉樹を根元で伐採し、そこからの萌芽幹を短い周期で伐採、利用し、木材生産を行う施業法である。伐採高は地際が主体で、高くても地上30～50cmほどである。伐採時、基本的にはすべての萌芽幹・枝を伐採する。伐採の周期は、材の利用目的によって異なるが、薪炭材生産では10～30年であり、それ以下では柴(燃料材、生活資材、緑肥・刈敷など)の生産である。広葉樹の萌芽力は樹種により異なるが、多くの広葉樹は株が大きくなると萌芽力が落ちてしまう(紙谷、1986;韓・橋詰、1991)。このため、用材生産を行う事例はあまり聞かない。

萌芽林は人的管理が行われるため、自然植生(天然林)とは群集組成が大きく異なる。例えば冷温帯の代表的な落葉広葉樹林であるブナ林の場合、特に日本海側の多雪地帯では、ブナ天然林を伐採すればブナの二次林が容易に形成される。この二次林も短い周期で伐採するとブナの萌芽林を維持することが可能である。しかし、ブナの萌芽林も萌芽後に長期間育成させた場合や、伐採を繰り返すと株が衰退し萌芽力が低下してブナの二次林として維持することはできず、次第に群

### 解説❶ 栄養繁殖と萌芽

林学の世界では、萌芽(sprouting)を栄養繁殖(vegetative reproduction)あるいは無性繁殖(asexual reproduction)と表現する。しかし、この用語表現は、生物学的には、必ずしも正確とは言えない。栄養繁殖は無性繁殖とも呼ぶが、これは種子繁殖(有性繁殖)に対応する言葉である。種子繁殖が、受粉、受精を通じて生産された種子により次世代を形成するのに対し、栄養繁殖は受粉、受精を行うことなく、個体の一部にむかご、バルブ、分けつ体といった附属体(娘個体 ramet)を形成し、これが母個体から分離し、新たな個体を形成する繁殖様式を指す(河野、1984)。また、無性繁殖の中には、受粉、受精せずに種子を形成し、次世代を形成するものもある。いずれも、交配を伴わないところから、母個体の遺伝型をそのまま引き継ぐこととなる。なお、実はここにも例外があり、無性繁殖体の形成段階で、突然変異が起こる場合があり、その結果、遺伝的な多様性が生じる。こうした現象はキメラ構造と呼ばれる。

萌芽更新は、一般に樹木個体が伐採された、あるは損傷を受けた場所から萌芽幹が発生し、一見すると栄養繁殖的に次世代が形成されるように見える。しかし萌芽は、樹幹が損傷を受けたことで、個体の修復のために萌芽幹が発生する現象であり、次世代を形成する繁殖とは異なる。一方、栄養繁殖は、生物学的にそれぞれの種が持つ生活史の中で、規則的に繁殖体(娘個体 ramet)を形成し、それが規則的に親個体から分離独立し、個体の増殖につながっていることにほかならない。ただし、娘個体と母個体は遺伝的に同一であるため、純粋に次世代を形成するというよりは、不利な環境の下で個体群の維持を図る手段として機能していると考えられる。

集組成が変化していく(紙谷、1987)。その結果、ブナの萌芽林では林分に占めるブナの相対的な優占度は徐々に低下し、ミズナラなどの多様な樹種構成からなる二次林へと変化する。その後ブナよりも萌芽力の強いミズナラの優占度が増加することで、種多様性は低下する。最終的にはミズナラがコナラへと置き換わり、コナラ純林となって安定する。このような萌芽更新による群集組成の変化は、主に樹種の萌芽特性に起因する。一般に樹木の萌芽力は、幹の太さが大きくなる、言い換えれば幹齢が高くなるにしたがって落ちる。樹種別の萌芽力は、ブナよりミズナラ、ミズナラよりコナラで萌芽力が高いまま維持される(紙谷、1986)。また萌芽力は、伐採位置が高くなるにしたがって低下する(紙谷、1986)。このことが、萌芽更新を適切に実施する上でも、度々指摘される点である。しかし、一概にこうした傾向があるとは言い切れないとの指摘もある(大住、私信)。

### (3)台伐り萌芽更新(頭木更新ないし台株更新法)

地上部2～3mのところで、主幹ないし太枝を伐採し、そこからの萌芽幹枝を繰り返し伐採、利用する施業法を林学用語では頭木更新法あるいは台株更新法と呼んでいた。「頭木更新」は、雑木(広葉樹)を対象に、薪炭材ないし刈敷生産を目的に行うもので、江戸時代中期以降に見られる。一方、「台株更新」は、スギなど針葉樹を対象に台株の立条によって頭木型の更新を行うもので、小丸太生産を図る(山内・柳沢、1973)。その歴史は、室町時代に遡る。しかし、こうした更新法は対象樹種も多様な上に、地域によってその施業法も異なる。そこで、本書では、こうした施業法を一括して「台伐り萌芽更新」と呼ぶこととする。

一般に、樹木は伐採位置が高くなったり、幹が太くなったりすると萌芽力が低下すると言われる(紙谷、1986)。しかし、街路樹で行われる強度の剪定でも旺盛な萌芽が発生することを考えると、伐採位置や幹の太さ以上に樹種特性によると思われる。こうした樹木の萌芽特性を利用したものが台伐り萌芽更新法であり、その結果生まれたのが“あがりこ型樹形(pollard)”である。台伐り萌芽更新の出発点は、いろいろ考えられる。例えば、多雪地帯のブナに見られる“あがりこ”は、晩冬から早春にかけて堅く締まった雪の上で、薪材生産を行う雪上伐採が背景にある。雪の上で伐採するため伐採位置は、積雪深と一致する。雪上伐採には、多くの利点がある。伐採を雪の上で行うため、雑灌木が雪に埋もれ作業の障害にならない。伐採した木材を橇などで運び出すことも容易である。山の上であれば斜面から落とすだけで搬出できる場合もある。このように考えると積雪期の伐採は、その他の季節に比べ、搬出が極めて省エネルギーである。積雪期に奥山で伐採した場合は、伐り出した木材を沢に集め、“鉄砲堰”を造って、春先の融雪洪水を利用し、送流する方法も取られる。いわゆる“春木伐り”“春木流し”である。春木場という地名は、その名残である。さらに伐採による樹体への影響も軽減する。木が雪に埋もれているため、腐朽菌の活動が抑えられるうえ、冬季であるため樹体の生理活性も落ち、木材の含水率も低いと言われていた。実際には含水率が高いスギでも生材の含水率には年変動が少ないことから(池田、2006)科学的根拠はないが、雪国では薪を冬季に伐採し、それを春夏秋と野積みし、材を完全に乾燥させたのち燃料材として利用するのが一般的である。

しかし、あがりこ型樹形は、雪の少ない太平洋側にも見られる。これは積雪深とは関係なく、伐採位置が高くなっていることを示している。ヨーロッパに見られるpollardの場合、多くは、放牧されている家畜の背丈以上の高さまで意図的に台伐り位置を上げ、そこから発生する萌芽幹枝を家畜の採食から守ることが出発点である。したがって、台伐り位置は、家畜のgrazing line(採食可能な線)より高い位置に設けられる。

日本の放牧地においても、家畜の採食による樹木のgrazing lineは見られる(写真1-2)が、それらの樹木を“あがりこ型樹形”として仕立て、利用する事例は見られない。こうなると、通常の萌芽更新に比べて台伐り萌芽更新の有利性を考えるしかない。一番考えられるのは、他植生、雑灌木との競争回避である。通常の萌芽更新の場合は、伐採位置が地際付近にあることから、伐採後、発生した萌芽幹は、他の植生との競争にさらされ、場合によっては被圧され、更新が失敗することもある。台伐りにより萌芽発生位置が他の植生高より高くなれば、こうした競争が回避でき、萌芽幹の成長に有利である。伐採位置の低さは、ノウサギやニホンジカなど草食性動物による食害や、腐朽菌のリスクを高め、株の寿命が短くなる危険がある。また、台伐り萌芽施業は、地上部が大きいため潜在的な定芽数や不定芽の発生部位が多くなるという利点がある。加えて貯蔵養分の面でも有利である。萌芽更新は、萌芽幹の発生成長を根茎部の貯蔵養分のみに依存するのに対し、台伐り萌芽であれば根茎部に加えて地上部の樹幹にある貯蔵養分も活用できる可能性が高い。ただし、台伐り萌芽にも欠点はある。萌芽位置が高いため、萌芽力が落ちる樹種もあると考えられるし、萌芽幹が成長することで、元幹の荷重負担が大きくなり、風雪などにより幹折れなど物理的損傷を受ける可能性も高くなる。

こうした特徴をもつ台伐り萌芽更新であるが、日本での歴史は古い。江戸時代中期には、各地で薪炭材生産を目的に行われていた(山内・柳沢、1973)。代表的なものは兵庫と大阪にまたがる北摂地方の台場クヌギである(第4章1項参照)。台伐り萌芽更新は、採草と薪材生産の両立を図る技術として自然発生的に生み出されたと考えられる。家畜の飼料、緑肥、屋根葺きの材料などを採取する採草地の中に、台伐り萌芽により薪材を採取する樹木(あがりこ型樹形)を配置し、冬季には台伐りによる薪材生産を行い、その他の季節はあがりこ型樹形を伐らず採草地として利用するやり方である(大住、2014)。実際に、現在残されているあがりこ型樹形林の多くは、あがりこ型樹形が点在し、その間に広葉樹ないし植栽木が生育している。採草地のような開放的な環境は、あがりこ型樹形の生育にとっても好適である。台伐り後に発生した萌芽幹枝は、明るく開放的な環境の下で枝葉を展開し、成長することができる。このほか萌芽更新による薪炭林利用(主に製炭)と雪上伐採による薪材生産を同時に行う林分も見られる。

**写真1-2　日本の放牧地**　背後の樹林帯に見られるgrazing line。

### (4)枝切り萌芽(枝落とし)

樹木の枝葉を生産する手法として、主幹から出た枝を切り落とし、そこから再生する萌芽を活用する枝切り萌芽(shredding)がある。枝切り萌芽の方法は、主幹を一定の高さで切り詰める場合と詰めない場合がある。これは上方成長を抑えるか否かであるが、高木性樹種の場合は、木登りの手間を考え主幹を詰めて管理する場合が多い。枝切りの方法は、側枝の基部から枝を伐り落とし、そこから発生する枝条葉を伐採、利用するもの(図1-1b)と、側枝の基の部分を50cmほど残して枝を落とし、そこから発生する萌芽枝を伐採するもの(図1-1c)がある。この手法の違いは、樹木の萌芽特性、すなわち主幹から直接萌芽枝が発生するかどうかの違いによるものか、太枝を残すことで木登りを容易にするためであるかは定かではない。

歴史的に見て、放牧、牧畜が盛んであった中央アジアからヨーロッパにかけては、このshreddingは、家畜の飼料生産のために盛んに行われてきたが、日本の場合は、こうした例を見ない。唯一確認されたのは、養蚕に使われるクワの葉生産のための枝落としであるが、どれほどの歴史があるのか定かではない。ところが近年、都市近郊の公園や宅地の樹林、並木などでshreddingによる形状を有する樹木が多く確認できる。都市部の樹木が大きく育ち、枝葉が広がりすぎた結果、日当たりが悪くなったり、落葉が排水管を詰まらせたり、強風で樹が倒れたり、枝が落ちて被害を引き起こす危険が高まっている。そこで、樹木の主幹を詰め、太枝を落とすことで、被害を防ぐことを目的として、枝落としが行われている。ただしここでは、枝条や主幹の利用を考えて行われるものではなく、その残材は産業廃棄物になることが多い。時としてチップ化され、燃料や堆肥原料に利用されることもある。

## 4. あがりこ型樹形の形成と利用目的のまとめ

あがりこ型樹形は、東北地方のブナに代表される台伐り萌芽施業(pollarding)によって生み出された特異な樹形を指す。一方で主幹から出た枝を切り落とす枝切り萌芽施業(shredding)についても、形状としてあがりこと近似する。いずれにしても人為的に主幹部に手を入れて形成された特異な樹形である。こうした樹形を形成する作業は、何を目的として行われるのだろうか。主たる目的は、燃料材生産と家畜の飼料、緑肥の生産などである。しかし、そのために、なぜ台伐りという手法をとるのか、となると様々なことが考えられる。

第一に、台伐り萌芽施業は、通常の萌芽更新と同様、樹木の萌芽力により林を再生するところから、苗木を育苗し、植栽、保育するという手間を必要としない。一方で、通常の萌芽更新と異なるところは、伐採、萌芽位置が高いことから、家畜、野生動物から萌芽幹・枝の食害を回避できることである。また、通常の萌芽更新の場合、萌芽幹・枝が他の植生、雑灌木との競争にさらされ、場合によっては被圧を受けるが、台伐り萌芽であれば、こうした競争は回避できる。加えて、貯蔵養分が元幹部にも存在するところから、萌芽力、萌芽幹・枝の成長にとって有利であることも挙げられよう。

地上部の高い位置における萌芽力については、それぞれの樹種特性によるところが大きい。言い換えれば、台伐りによっても萌芽が十分発生できる樹種が対象となるのは当然である。概ね多くの広葉樹では、落葉・常緑にかかわらず、萌芽は発生するようである。これに対し、針葉樹の場合は、台伐りによる萌芽力は樹種による差が大きい。

台伐りにせよ、枝の剪定にせよ、幹や枝を伐り落とした部分から多くの萌芽幹が発生する。この萌芽幹の間でも競争が存在し、勝ち残ったものだけがより大きく成長できる。成長した萌芽幹は、利用段階になると伐採される。伐り口は、樹体の保護のために、樹皮が傷口を被いこぶ状になる。したがって、伐採が繰り返し行われると、台伐り部分では異常成長を伴ってこぶ状が大きな塊となる。また、こうした伐採、利用を繰り返すことで、萌芽力が落ちてくることもある。そうした場合に、萌芽幹の基部を残して伐採することで萌芽位置を移動させ、萌芽力を維持する方法がとられる。結果として、台伐り部分での異常成長は、横方向、上方向へと拡大し、あがりこ特有の形状を生み出すこととなる。

こうしたあがりこ型樹形における台伐り萌芽更新ができるためには、萌芽幹・枝が十分に成長でき、葉を展開できるだけの開放的な空間が必要となる。すなわち、台伐り萌芽施業には、疎林管理が求められる。pollardが多く見られるヨーロッパの景観は、savannaと呼ばれており(Rackham, 1998)、アフリカの疎林であるサバンナと類似景観であると認識されている。農耕地や放牧地の開放的な環境の中に、あがりこ型樹形の樹木が点在する景観である。日本で言えば、集落の背後に存在する採草地(萱場)といったような場所が候補地となるだろうが、そのような話をあまり聞かない。

日本においてあがりこ型樹形が見られるのは、燃料材を生産する薪炭林(薪山)である。薪炭林の多くは、萌芽更新により育成管理されており冬季に伐採されている。ただし多雪地域では雪に埋もれるため地際伐採ができず、自ずと雪上伐採となる。これが台伐り萌芽更新の一つの環境的な背景となっている。しかし、積雪の影響で炭焼き窯はつくれないため製炭はできない。多雪地帯での製炭は、晩秋、雪が本格的に降り出す前に行われるが、台伐りは行わず地際から伐採、利用する萌芽更新法である。ただし薪炭林として利用できる場所は、集落周辺の私有地および部落の共有地に限られるため、薪材と製炭用材が同じ場所で採取されることになる。そうした結果、短い周期(20～30年)で製炭用として伐採、利用される萌芽林の中に、台伐り萌芽により形成された薪材生産用のあがりこ型樹形が点在する景観が生み出されたと考えられる。ところが、戦後の木質エネルギーが化石燃料に置き換えられた燃料革命以降、薪炭林の利用は後退し、その結果、萌芽更新により成立した二次林が成長し、台伐り萌芽更新によって作り出されたあがりこ型樹形が、その林分に埋没し、あるいは衰退している実状がある。

# 第2章　福島県只見町における あがりこ型樹形の樹木群

前章では、あがりこ(あがりこ型樹形)と呼ばれる台伐り萌芽更新の概要について説明してきた。中静透氏も学会誌で報告しているように(中静ら、2000)、あがりこと言えば東北地方のブナを対象として人為的に作られた樹形と思われているが、現実にはもっと多種、多様なあがりこ型樹形の樹木が日本列島の各地で確認されている。そして、各地で生み出されたあがりこ型樹形の樹木は、地域の気象条件、立地環境、社会経済的な背景、歴史が深く関係していることは間違いない(大住、2014)。

まずは、私が一番かかわってきた福島県只見町の事例から紹介していくこととしたい。

## 1. ブナのあがりこ

私が最初に福島県只見町に入ったのは、町内を流れる只見川の支流伊南川で発見した希少種ユビソヤナギを調査するためである。当時、只見町には、私の恩師である河野昭一氏(京都大学名誉教授)が、町の依頼でブナの天然林総合学術調査に入っており、その成果をもとに博物館構想を提唱、その実現に奔走していた。河野氏の努力により「ただみ・ブナと川のミュージアム」と銘打った博物館は、何とか開館にこぎつけることができた。しかし、開館まではこぎつけたものの、実際に運営できるスタッフがいないという実情を受け、急遽私が1年間、博物館の立ち上げの支援に入ることになった。

開館直後に早速、持ち上がったのが、ブナのあがりこ林の保全の問題であった。只見町の蒲生区というところの今は廃村となった旧真奈川集落近くに、ブナのあがりこ林分が見つかり、地元のNPO「蒲生ネイチャークラブ」が県の補助金を使って、その整備に乗り出した。ところが、その整備は「あがりこの森」の歴史的文化的な価値に基づく保護・保全ではなく、観光的な活用が前面に出てしまっていた。幸い、同地が町有林だったことから、只見町が貸付条件として是正を求めることとなり、私が歩道など施設整備について助言を行うことができた。その結果、現在は、案内板や観察路の適正な配置などが行われ、地元住民の協力の下、地域のブナのあがりこを保護し、その成立過程を紹介する森林として有効に活用されている(写真2-1)。

写真2-1　福島県只見町蒲生地区旧真奈川集落にある「あがりこの森」

「あがりこの森」の整備に際し、林分の構造や成立過程を明らかにする調査を実施した。「あがりこの森」は、旧真奈川集落に隣接した河岸段丘上の平坦地にある僅か1haほどのブナ二次林である。ブナを主体とし、他にミズナラやホオノキが混じっており（表2-1）、林床はユキツバキが優占する。「あがりこの森」のブナには萌芽由来のブナが二種類見られる。一つは、地上1m以内の高さで伐られた萌芽株で、伐採位置から数十本という多くの萌芽幹が発生している。株のサイズは、大きいもので直径が1m以上にもなっている（写真2-2）。明らかに短い周期で萌芽幹に伐採が繰り返され、その結果、株が巨大化したものと思われ、一部、株の劣化も見られた。林内には、この萌芽株が多数存在し、そこから発生した多数の萌芽幹・枝で林床がブナの藪（ブッシュ）状態になっている。地表面に近いところから萌芽させているので、一般的な萌芽更新（coppice）に近い。これを叢生型と呼ぶことにする。もう一つが、地上部2～3m位の高さで主幹が台伐りされ、そこから複数の萌芽幹が出ている典型的なあがりこである（写真2-3）。ただし、1haほどのブナ二次林内にあるあがりこは、全体で十数本しか存在せず、1m以内の高さで伐られた萌芽株の中に点在している（図2-1、図2-2）。

「あがりこの森」に多いブナの萌芽株について見ると、株高はせいぜい50㎝だが、中には1mに近いものもある。元の幹は小さかったと思われるが、萌芽幹を繰り返し伐採、利用することで、水平方向に株が成長し、現在は大きなもので直径が1mを超える。伐採高が低いことから、伐採は雪が本格的に降り出す前、初冬に行われていたと考えられる。この株からは現在もなお、直径5

**表2-1　調査地における上木の群集組成**

| 樹種名 | 本数密度（本/ha） | 胸高断面積合計（$m^2$/ha） |
|---|---|---|
| ブナ | 1185.7 | 31.10 |
| ホオノキ | 116.9 | 5.05 |
| ミズナラ | 66.8 | 4.08 |
| ウワミズザクラ | 33.4 | 0.69 |
| ヤマモミジ | 133.6 | 0.52 |
| ハウチワカエデ | 16.7 | 0.07 |
| コシアブラ | 33.4 | 0.08 |
| 合　計 | 1586.5 | 41.6 |

**写真2-2　福島県只見町のブナのあがりこ（叢生型）**　地際50㎝前後の位置で台伐りがされ、多くの萌芽幹が発生している。

**写真2-3　福島県只見町のブナのあがりこ（台伐り型）**　地上2-3mの位置で台伐りが繰り返され幹が肥大化し、その上に数本の萌芽幹を持つ。

cm未満の数多くの萌芽幹・枝が発生している。その数は株のサイズにもよるが、数十から個体によっては100を超えるものもある。その中で特徴的なものは､直径10cmを超えるような萌芽幹が1～2本立ち上がっていることである(図2-3)。これは萌芽更新において、“立て木”と呼ばれる。株から発生したすべての萌芽幹を伐採すると株自体が衰退し、場合によっては枯死してしまう。伐採時に立て木を残すことで、株の活力、萌芽力が維持される。立て木が太くなると株全体の萌芽力が失われるため、前回伐り残した立て木は、萌芽力を失うサイズ前に伐採し、次の立て木に入れ替えていく。

「あがりこの森」にある萌芽株は、典型的なあがりこに比べれば伐採位置が低いとはいえ、地際から離れているので、台伐り萌芽の一つであり、あがりこの一種と言えよう。ブナのあがりこ(叢生型)では、萌芽株を繰り返し利用して株自体のサイズが大きくなると、萌芽力を失うと考えられているが､「あがりこの森」ではそのようなことはなく、何回も繰り返し伐採、利用された痕跡があるにもかかわらず、旺盛に萌芽幹が発生している。この理由として二つのことが考えられる。一つは只見という多雪環境のため、伐採直後に冬を迎えることから、株が長期にわたり雪に埋没する。その結果、株が冬季の乾燥から免れていることである。もう一つは、萌芽幹の伐り方にある。萌芽株を観察すると、株から出た萌芽幹を伐採する際には基部から完全に伐るのではなく、萌芽幹の基部を数十cm残して伐採している。これにより新しい萌芽幹がその部分から発生している。元株が腐朽のため崩れかかった萌芽株もあるが、こうした個体では数本の萌芽幹が大きく成長している。つまり、長期間伐採されなかった結果、萌芽力が落ち、株の衰退を招いているともいえる｡「あがりこの森」では、短い周期での伐採、利用が行われていたものの、その後放棄した結果として、多数の萌芽幹間の競争を勝ち残った萌芽幹だけが生き残った個体も見られた。

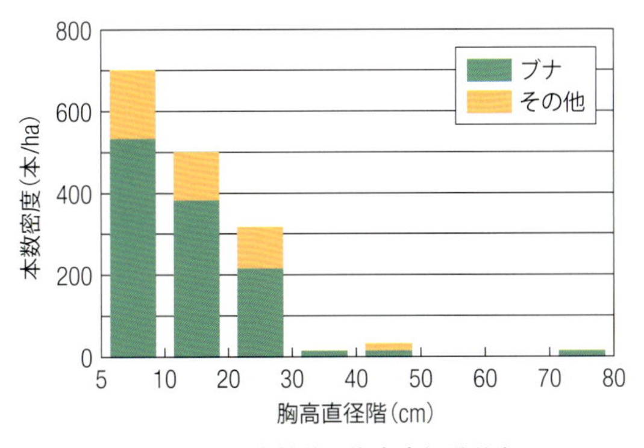


図2-1　調査林分の胸高直径階分布

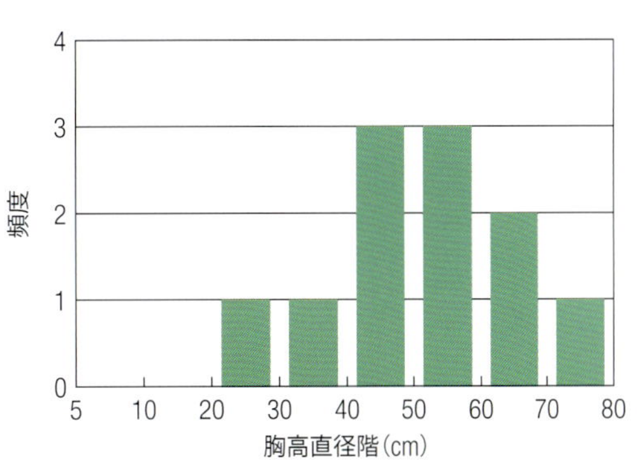


図2-2　あがりこ型樹形のブナの胸高直径階分布

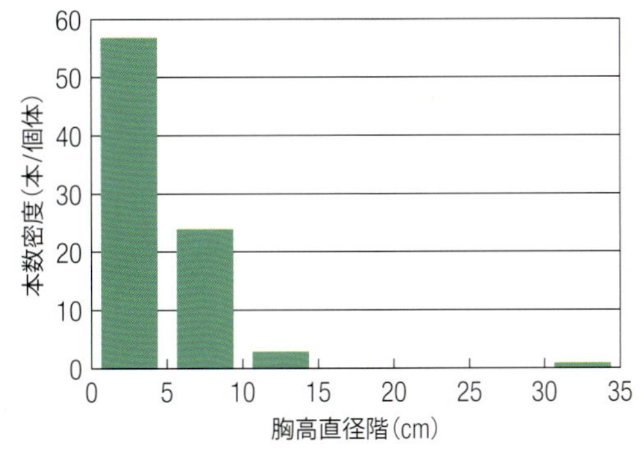


図2-3　叢生型ブナの株から発生した萌芽幹の直径階分布(1事例)

次に、もう一つのブナの形態である「あがりこ」そのものに注目して、その特徴を見ていこう。只見のあがりこには、台伐り位置が何段かある。最初の台伐り位置は地上1～2mである(図2-4)。只見地域におけるブナのあがりこの伐採は、雪が堅く締まった晩冬の3月を中心に行われる。伐採が雪上で行われることから、第一段目の台伐りは、雪の上ぎりぎりの線で行われたことが窺える。ところが時々、第一段目の高さが積雪深に対してあまりにも低い位置に設定されたものがある。積雪期に雪を掘ってまで伐採する可能性は考えられないことから、こうしたあがりこは次の2通りの説が考えられる。一つは、実は雪上伐採ではなく、積雪前の伐採だったというもの。萌芽株の伐採で述べた"立て木"を伐採するため、高い位置で伐採したとするものである。もう一つは、多雪地帯ならではの自然の産物とする見方である。多雪地帯では、ブナをはじめとする樹木が成長する過程で、主幹や枝が雪の重みで何らかの損傷(幹折れ、枝抜け)を受けることがある。ブナなどは幹折れや枝抜けが生じても萌芽幹を発生させることができる。自然状態のブナ林を見ても成長の悪い個体には萌芽幹が発生している事例が多く見られる。つまり、第一段目を作ったのは人為的な施業ではなく、自然の仕業ということである。こうした事例は第9章でも解説するが、多雪地域ではこうしたブナも紛れ込んでいる可能性が高いので、注意すべきである。

あがりこを台伐りした主幹部には、多くのこぶ状の塊が存在している。これは伐採された萌芽幹の基部の傷を樹皮が被い、修復した結果であり、何度も伐採が行われた証でもある(写真2-4)。台伐り位置は、最初の場所から上昇し、数段になっていることが多い。「あがりこの森」では、最大三段の台伐り位置が確認され、最も高い台伐り位置は4.5mであった(図2-4)。

あがりこにおいて、台伐り位置が上昇する現象は、他地域のブナでも共通して見られる。これは台伐り位置における萌芽力の衰退が原因と考えられる。ブナの台伐りを同じ位置で繰り返すと、元の幹が肥大成長し、萌芽幹を伐採した跡はこぶ状の塊となる。これによって萌芽力が次第に失われ、幹の発生が少なくなってしまう。そこで、樹体維持のために残していた立て木の1本を元の台伐り高より1mほど高い位置で台伐りし、そこから萌芽幹を発生させる。これにより、新たな台ができることから、萌芽力が回復する。こうして、長い時間を経過することで数段の台伐り

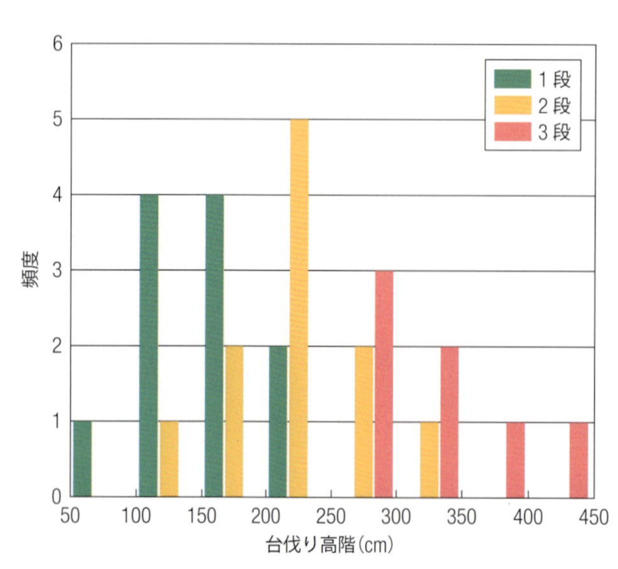

図2-4　あがりこ型樹形のブナの台伐り高階分布

写真2-4　ブナのあがりこの台伐り部
地上2-3mの位置で台伐りが繰り返され、その後、切り口が修復された結果、幹が肥大化する。

位置からなるあがりこが形成されたと考えられる(図2-5)。

さらに只見では、通常の地際からの萌芽更新と台伐り萌芽更新が複合したブナのあがりこが見られる(複合型：写真2-5)。地上2m以上の高さで台伐りが行われ、萌芽幹の発生が見られるだけでなく、同時に地際からの萌芽幹が発生している。すなわち、この個体は、初冬に地際から伐採利用が行われるだけでなく、積雪期には雪上伐採が行われてきたのだ。もちろん、初冬の伐採利用と雪上伐採を同時期に行うことはなく、雪上伐採と雪上伐採の間に、地際での伐採利用が行われてきたと思われる。台伐りの萌芽幹は、萌芽幹の齢解析から20年周期で行われているのに対し、地際での伐採は、萌芽幹のサイズも小さく幹齢も若いことから、台切りよりもかなり短い周期で行われてきたと思われる。その結果、複合型のあがりこを構成する幹(主幹と萌芽幹)の直径階分

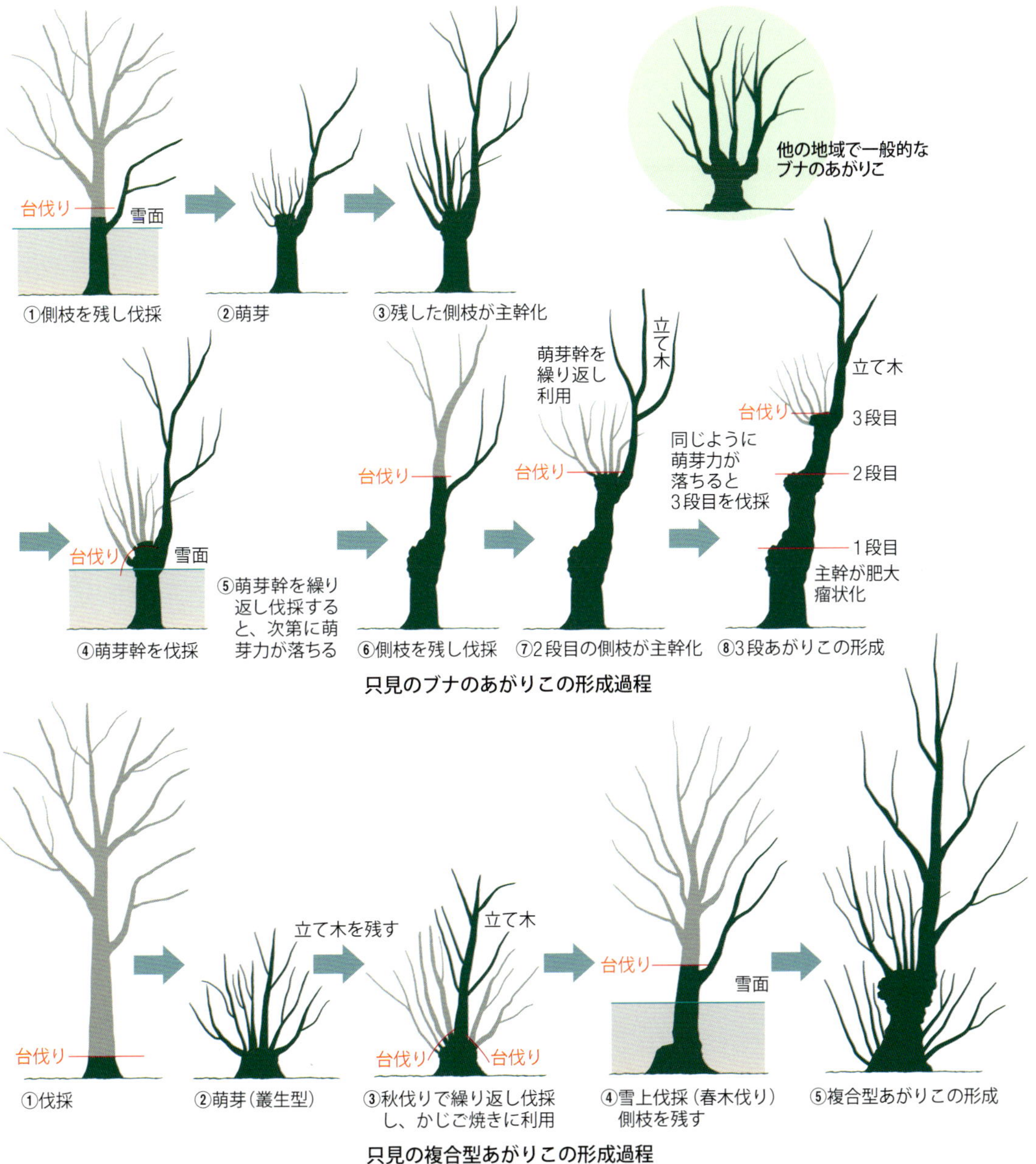


図2-5　ブナのあがりこの形成過程を示す模式図

布は、地際から発生するサイズの小さな萌芽幹と上部の台伐り部分から発生したそれより大きなサイズの萌芽幹から構成されることになる（図2-6）。これがどのようにしてできたのかを考えると、先の図2-5のようになる。台切りと根元萌芽が複合した複合型のブナは、最初、地際からの萌芽株から始まったと考えられる。叢生型のブナは、株の維持を図るため数本の立て木を残す必要がある。複合型のブナを作るためには、この立て木を伐らずに育て、成長して雪の上に出た時に、雪上部を伐採し薪材として利用する。雪上部で台切りされたブナは、台から萌芽することで、萌芽幹が生育し、周期的に雪上で伐採利用される。この形は通常のあがりこと同じである。ところが、地際部の伐採利用を止めたわけではなく、雪上伐採の合間をぬって、地際から発生する萌芽幹も利用する。こうして、上下での萌芽とそれによる光合成をもって樹体を維持しつつ、萌芽幹を適度に利用する絶妙な管理利用法が生まれたものと思われる。

台伐りによる元幹と萌芽幹の成長は、あがりこの樹形のみならず、材の利用という点でも興味深い。これを調べるため、あがりこ型、叢生型および複合型のブナについて、それぞれの萌芽幹および主幹部の年輪解析を行った。あがりこ型（図2-7a）は、元幹（625）の肥大成長は、台伐り後の萌芽幹（470 ～ 476）が発生した55年ほど前から肥大成長が減衰している。7本の萌芽幹のうち、主幹となった萌芽幹（476）だけは、旺盛な肥大成長を示す。台伐り位置から発生したほかの萌芽幹（470 ～ 475）は、主幹ほどではないが、元幹よりも旺盛な肥大成長をしている。つまり、台伐りによって元幹の成長を減衰させる一方で、萌芽幹は元株の栄養を糧に旺盛な成長を示すことを示唆している。ところが、叢生型のブナ（図2-7b）では、立て木（690）だけが良好な成長を示し、立て木よりも前に存在していた萌芽（762）を含めて、成長は不良である。これは、短い周期で伐採を繰り返すため、多くの萌芽幹が発生し、萌芽幹の間に密度効果が働いていると考えられた。一方、複合型では、元幹（683）の成長は台伐り後に減衰し、台伐り位置から発生した萌芽幹（478 ～ 481）は旺盛な成長を示した。しかし、地際から発生した萌芽幹（485、486）は、萌芽株と同様に密度効果で肥大成長が抑制されていた（図2-7c）。こうした傾向は、スギやサワラなどの台伐り萌芽におい

**写真2-5　福島県只見町のブナの複合型あがりこ**
地際で叢生型として利用する一方、地上2m以上で台伐り型としても利用、更新を行う。

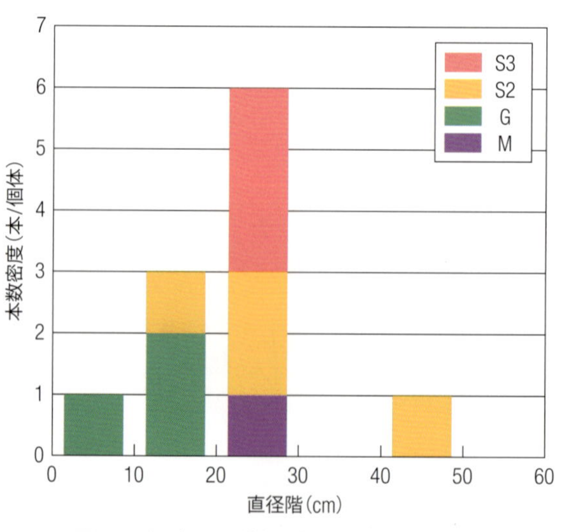


**図2-6　あがりこ型樹形（複合型）のブナの主幹と萌芽幹の直径階分布（1事例）**
M 元幹；G 地際；S2 二段目；S3 三段目

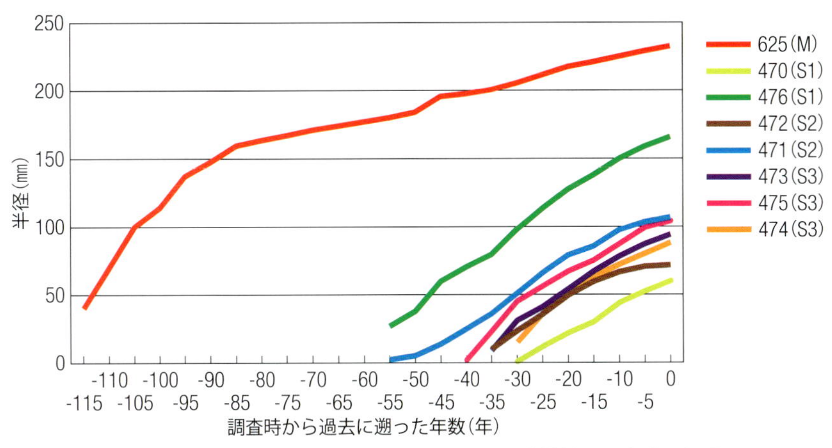


**図2-7a　あがりこ型の元幹および各台伐り位置からの萌芽幹の肥大成長経過**
M：元幹，S1：一段目，S2：二段目，S3：三段目

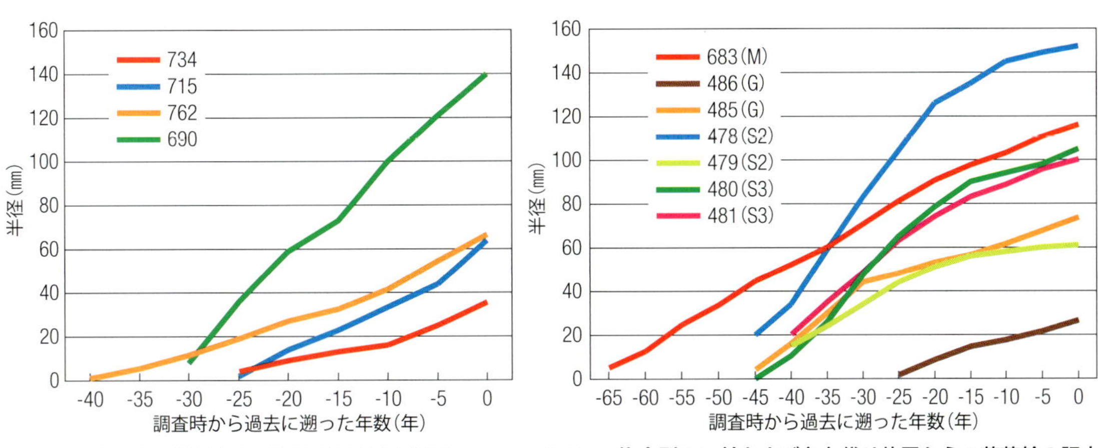


**図2-7b　叢生型の萌芽幹の肥大成長経過**

**図2-7c　複合型の元幹および各台伐り位置からの萌芽幹の肥大成長経過**　M：元幹，G：地際，S1：一段目，S2：二段目，S3：三段目

て元幹が異常成長を引き起こし巨木化につながること(鈴木ほか、2008;2009a)とは異なった。このことからブナは、萌芽幹を元幹で支えるための肥大成長を必要としない樹種特性を持っていると思われる。ブナあがりこにおいて台伐り位置での異常成長は、もっぱら、萌芽幹を伐採した伐り口を樹皮が覆い、修復する過程で生まれたこぶ状の塊だけである。

ブナのあがりこは、何のために仕立てられてきたのだろうか。只見町で見られた3種類のあがりこ(あがりこ型、叢生型、そして複合型)からは2種類の目的を持っていることが読み取れる。

**写真2-6　民俗の記録撮影のために行われた復活かじご焼きの風景(福島県只見町)**

叢生型のあがりこは、晩秋から初冬にかけて、当地で盛んに行われた炭焼きの原材料の採取を目的としている。この炭焼きは炭窯(土窯、石窯)を築き、黒炭、白炭を焼く近代的な製炭とは異なる、単に縦横1～2m、深さ1.5mほどの穴を掘り、その中に小径木、枝条を詰め、火を入れて燃やし、火が材に十分に入っ

た段階で、濡れ筵を被せ、その上に土をのせ、蒸し焼きにする製炭法である（写真2-6）。製炭法としては、極めて初歩的な方法で、伏せ焼き（伏炭法）の一種である。只見では、「かじご焼き」と呼ばれているが、他の地域では「ボイ焼き」、「かじ焼き」などと称されており（岸本、1971）、各地で行われたことが推察できる。この方法で生産された炭は、脆く、火持ちが悪いので品質的にはあまり良くないが、只見地域では、冬季のコタツの暖房や囲炉裏の燃料として使われてきた。火力が弱く、火が柔らかいとして好まれたようだ。このかじご焼きは、戦後の燃料革命（1960年代）まで盛んに行われ、初冬、集落周辺の山々で炭焼きの煙が上がり、季節の風物詩となっていた。かじご焼きの材料はブナに限定されていたわけではなく、樹種は何でもよかったようで、ブナやナラ類をはじめ、アブラチャンやユキツバキ、リョウブ、ウワミズザクラなどの雑灌木が使われていた。

「あがりこの森」の中にも、埋もれかかってはいるが、林床を見ると多くのかじご焼きの窯跡が穴となって残されている。穴をよく見ると、中には壁を石組みしているものもあり、使い捨てでない窯跡もあった。一方で、穴は掘ったものの使用された痕跡が全くない窯穴すら存在した（写真2-7）。聞くところによるとこれは、今から20年ほど前に、かじご焼きをしようと地元住民が窯を用意したのだが、身体を壊して断念し、放置したものだという。これが最後のかじご焼きの痕跡と言える。

一方、雪上伐採による台伐りであるが、こちらは、薪材生産を目的に行われた。冬季に薪材を生産、搬出し、1年を通じて乾燥させ、煮炊き、暖房その他の燃料として利用するための作業である。これは冬季、農作業がない中での重要な作業であり、また、搬出面からも極めて有利である。そして、製炭材と薪材生産を同じ株で行うのが先に紹介した複合型である。全国のあがりこを調べてはみたが、1本の木で2種類の利用を行っている複合型のあがりこは、只見地域以外では見たことがないし、報告も聞かない。極めて特異な形式であると思われる。

とはいえ、ブナのあがりこは、只見町でも普遍的に見られるわけではなく、旧真奈川集落周辺にのみまとまった集団が存在するにすぎない。町内の他の場所にも単木的にはあるが、ブナのあがりこはほとんどない。その理由について考えると、薪炭材の中心は、やはり火持ちのよいナラ類が好まれるためではないかと思われる。

ブナのあがりこは、文化的社会的な結びつきの強い、只見町と隣接する新潟県三条市、魚沼市でもその存在は確認されていない。ちなみに、只見では「あがりこ」とは呼ばず、「もぎっき」と呼ばれている。

**写真2-7　かじご焼きの窯跡**　中には石組みの窯もあり（左）、一度も使われず放置された窯もある（右）。

## 2. あがりこ型樹形のコナラ

只見町にはブナだけでなく、あがりこ型樹形のコナラもある。

コナラは、日本列島の温帯地域、ほぼ全域に分布するブナ科に属する高木性の落葉広葉樹である。代表的な二次林構成種で、暖温帯上部から冷温帯下部にかけ、自然林を破壊した後に侵入し、優占種となる(横井、2009)。こうしたことから、暖温帯から冷温帯へ移行するクリ・コナラを主要構成樹種とする植生帯を"中間温帯"とする考え方もあったが、この地域に残存する自然度の高い森林に大径のコナラが存在しないことなどから、現在は代償植生(二次林)と見る考え方が主流である。ちなみに、北村・村田(1979)の原色日本植物図鑑〈木本編Ⅱ〉では、コナラは胸高直径が60㎝に達すると記載されているが、長野県松本市には単木で樹高24m、胸高直径96㎝のコナラがある(小山ら、2005)とのことから、放置すれば1mを超える個体も少なくはないだろう。

さて、このコナラであるが、東京の武蔵野丘陵や北関東(茨城、栃木)では広く分布し、燃料材生産(炭、薪材、焚き付け用の枝条など)や堆肥のための落ち葉掻きなどの目的を持つ農用林として利用されてきた。一般には、20～30年の周期で、地際から伐採を繰り返す萌芽更新により維持されてきた。近年は、利用目的を失い、都市化とともに宅地開発や工場建設などへの用地の転用が進んでいる。現在は、コナラ林の老齢化と管理の放棄から、かつての景観あるいは二次林特有の里山の生物相が失われているとの危機感から、その保全と管理が取り組まれている。しかし、こうしたコナラ林とは、全く異質のコナラ林が奥会津地方に存在した。巨木化したあがりこ型樹形のコナラである。

只見町の伊南川流域の河畔林でユビソヤナギの調査を行っていた際、調査に協力していただいた地元の地域おこし団体「只見の自然に学ぶ会」の会員に只見におけるブナのあがりこの存在を尋ねていた。その時、あまり芳しい答えが返ってこなかった記憶がある。しかし、その後、会の代表である新国勇氏から、メンバーの一人(東京からの移住者、熊倉彰氏)がナラのあがりこを見つけたと連絡があった。実際に現場の写真が送られてきて、まぎれもない「ナラのあがりこ」であることがわかった。しかし、この時、樹種はミズナラと考えていた。場所は、柴倉山の麓、只見町の市街地から只見川を挟んだ対岸の河岸段丘上の平坦地である(写真2-8)。そこは、かつて石膏を採掘していた旧黒沢鉱山の上にあたる。そうしたことから当初、私は、こうしたあがりこ型樹形のナラが、何らかの形で、鉱山の操業に関係していたのではないかと考えた。実際に、このあがりこ型樹形のナラを見たとき、その奇妙な光景に驚かされ、圧倒され、魅せられた。林床は全域ユキツバキの群落に覆われ、その中に胸高直径が1m近いナラが散在し、地上3mほどの位置で台伐りされた場所から太い枝が数本伸びている。中には箒を逆さにしたような個体もあった(写真2-9)。そこで、早速、この林分の調査を決意した。

**写真2-8　只見町黒沢区薪平のあがりこ型樹形のコナラ林の遠景**

実際の調査は、林分調査から始まって、樹形、齢と成長解析を進めていった。この林分調査で、極めて重要なことに気が付いた。林分調査とは、調査対象林分に、通常25×25m程度の方形区を設け、区内に出現する胸高直径5cm以上のすべての立木を対象に樹種名、サイズ（胸高周囲長）、樹高などを測定・記録するものだが、ここで初めてミズナラではなく、コナラであることに気が付いた。しかし、幹は太いし、見上げると葉の形状はミズナラに見えなくもない。只見は冷温帯のど真ん中にあることから、自生しているのはミズナラだけで、コナラなどないと思っていた。しかし調査地に落ちている葉は明らかにコナラ。不安になって葉を落として確かめると、あがりこ樹形の個体から落ちてきたのはコナラの葉であった。つまり、てっきりミズナラのあがりこと考えていたのは、実はコナラのあがりこ型樹形の個体だったのだ。コナラが胸高直径1mほどに巨木化し、しかも台伐りにより多くの萌芽幹を発生し、あがりこ型樹形を形成するとは想像もできなかったのである。しかし、後で、調べてみると、それほど不思議なことではなかった。

ブナ林が地域の代表的な自然植生である多雪地帯の只見においては、コナラ林は、集落周辺の人為的な攪乱が大きな場所にしか成立しない。ブナの天然林を伐採すると、次は必ずと言ってよいぐらいブナの二次林が形成される。この地域の成熟した天然林には林冠ギャップを中心に多くブナの更新稚樹が存在し、伐採後に、これらが成長し二次林が形成される（鈴木・菊地、2012；鈴木・中野、2015）。それほど、この地域はブナが卓越して優占しているのだ。しかし、こうしたブナ二次林も、短い周期で伐採を繰り返すと萌芽再生するものの、回数を重ねるごとにその萌芽力も落ちて（紙谷、1986）、次第にミズナラやその他の先駆性の樹種により構成される二次林へと推移していく。さらに薪炭林利

**写真2-9　只見町黒沢区薪平のあがりこ型樹形のコナラ林**
地上3m付近で多くの萌芽幹が見られる。

**表2-2　調査区の群集組成**

| 調査区名 | | 薪平1 | | 薪平2 | |
|---|---|---|---|---|---|
| 樹種名 | 生育型 | 本数密度（本/ha） | 断面積合計（m²/ha） | 本数密度（本/ha） | 断面積合計（m²/ha） |
| コナラ | 落葉高木 | 101.5 | 52.81 | 51.1 | 35.40 |
| ミズナラ | 落葉高木 | 16.9 | 4.01 | 51.1 | 4.41 |
| コシアブラ | 落葉高木 | 372.3 | 3.59 | 119.3 | 1.24 |
| クリ | 落葉高木 | 50.8 | 2.83 | 34.1 | 2.36 |
| コハウチワカエデ | 落葉高木 | 84.6 | 0.38 | 17.0 | 0.08 |
| ヤマモミジ | 落葉低木 | 101.5 | 0.31 | 102.2 | 0.27 |
| ホオノキ | 落葉高木 | 50.8 | 0.24 | 221.5 | 4.31 |
| ウワミズザクラ | 落葉小高木 | 16.9 | 0.08 | 68.2 | 0.39 |
| タムシバ | 落葉低木 | 16.9 | 0.05 | 34.1 | 0.10 |
| ウリハダカエデ | 落葉高木 | 50.8 | 0.34 | | |
| ハリギリ | 落葉高木 | | | 17.0 | 1.33 |
| ハウチワカエデ | 落葉低木 | | | 51.1 | 0.19 |
| アオダモ | 落葉高木 | | | 17.0 | 0.04 |
| 種　数 | | 10 | | 12 | |
| 合　計 | | 863.1 | 64.6 | 795.8 | 50.1 |

用を進めていくと、今度はミズナラがコナラへと置き換わり、やがてはコナラの純林が出現する。その背景には、コナラの種子繁殖に要する年数が短い（初産齢が低い）（大住・石井、2004；小山ら、2013）ことと、萌芽力の高さが考えられる（大住ら、2006）。これがこの地方のコナラ林なのだ。ところが、このコナラ林も草地・萱場、採草地維持を目的とする火入れといったより強力な人為的攪乱を行うと、シラカンバを主体とする二次林へと推移してしまう（須崎ら、未発表）。

さて、こうした過程を経て形成されたコナラ林だが、炭焼き用材の生産の場合は、雪が本格化する前の地際で伐採、利用する。一方、薪材は晩冬、雪が締まった雪上で伐採が行われる。いわゆる"春木伐り"である。これは、前項のブナのあがりこの場合と同じである。そしてブナ同様、雪上での台伐り萌芽によるあがりこ型樹形のコナラが形成された。当地は、地元黒沢区の共有林であり、古くから部落の燃料材の採取地として利用され、地名も"薪平"と呼ばれている。

薪平の2箇所で行った調査結果を見てみよう。林分の群集組成は、主要構成樹種がコナラ、ミズナラ、クリ、コシアブラ、ホオノキであるが、その中でもコナラが断面積合計の70～80％を占め、優占していた（表2-2）。この林分は二つのタイプの樹形、すなわち通常の単幹とあがりこ型樹形があり、通常樹形（単幹）の樹林の中に、コナラのあがりこ型の大径木が点在する。あがりこ型樹形の樹木にはコナラ以外にミズナラ、クリもみられる。あがりこ型樹形のコナラのサイズは、胸高直径が最小で52cm、最大で118cmとコナラとしてはかなりの巨木である（図2-8）。台伐りは、三段ほど認められ、最も低い一段目は2～4mほどで、最も高い台伐り高は6mを越えていた（図2-9）。この付近の最大積雪深は3mほどだが、3月の堅雪の時期では2mほどなので最

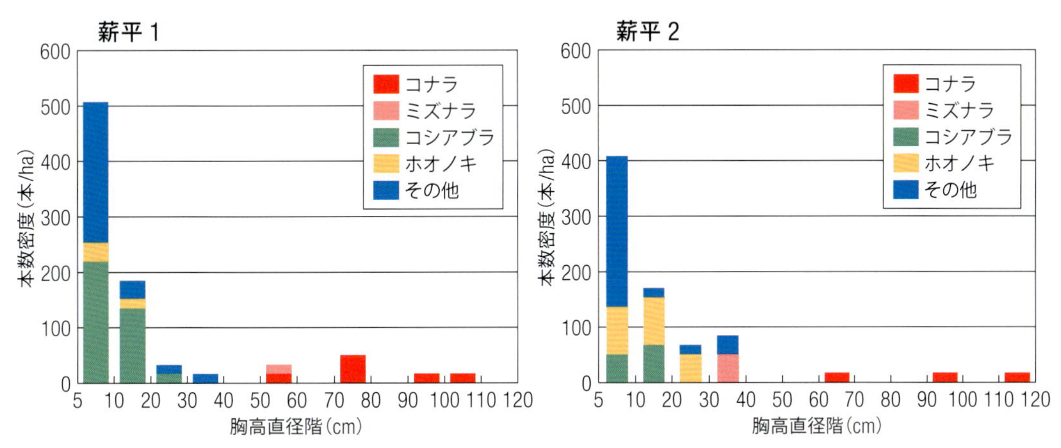


図2-8　各調査区の立木の胸高直径階分布

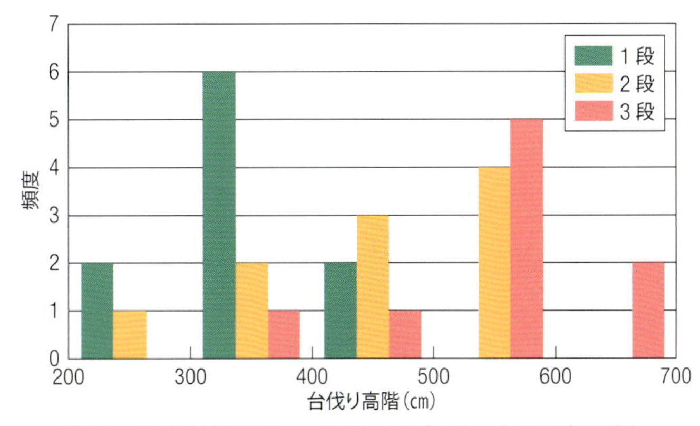


図2-9　あがりこ型樹形のコナラ・ミズナラの台伐り高階分布

初の台伐り位置は、積雪面より少し高い程度で行われていたと考えられる。実際、その時期に現地で調査を行ったところ、梯子なしに台伐り位置(台場というべきか)に乗ることはできなかった(写真2-10)。したがって、雪上伐採と言いながら、その作業は容易ではなかったと想像された。台伐り位置の上昇についても、前項で述べたように、萌芽特性の関係で、どうしてもそのようにせざるを得ない側面がある。繰り返しになるが、台伐りをしばらく続けていると、萌芽力が落ちてくる。これを回避する手段としては、台伐り位置を上げていくしかない。しかし、この場合でも、元の台伐り位置から出てくる萌芽幹も同時に伐採し、利用する。ただし、台伐り位置が高くなると伐採の作業が難しくなるので、限界があると見られる。

写真2-10　高い台伐り位置での調査の様子

　こうした結果、各台伐り位置から発生している萌芽

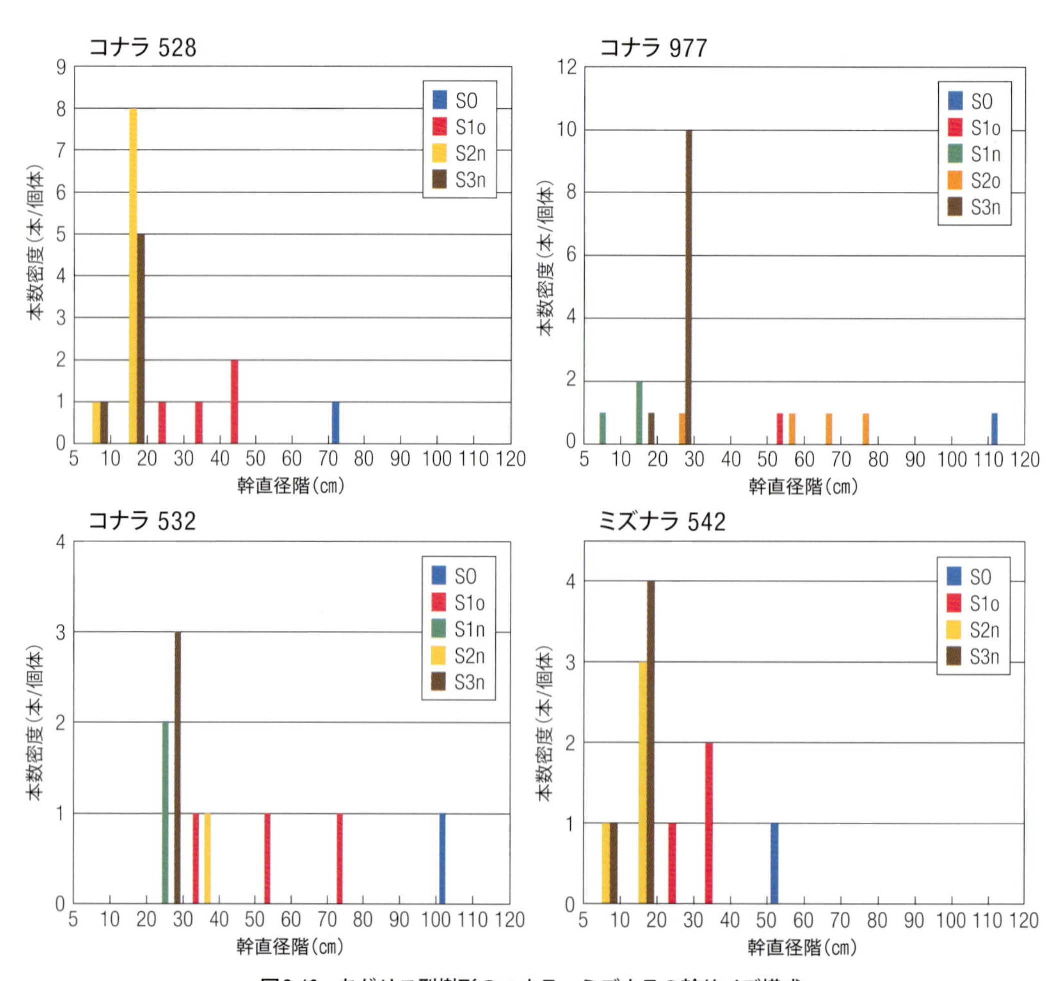


図2-10　あがりこ型樹形のコナラ・ミズナラの幹サイズ構成

S0：元幹，S1o：一段目の古い萌芽幹，S1n：一段目の新しい萌芽幹，S2o：二段目の古い萌芽幹，S2n：二段目の新しい萌芽幹
樹種名の横の数字は個体の識別番号

幹のサイズは、台伐り位置が高くなるにしたがって細くなる(図2-10)。これは萌芽幹の齢、すなわち伐採からの経過年の違いによるものである。

伐採の周期であるが、利用径級と萌芽力の維持との関係で決まってくる。現在、台伐り位置から発生している萌芽幹の齢は40～60年である(図2-11)。そのことから、最後に台伐りされたのは40年ほど前、ちょうど木質エネルギーから石油エネルギーに変わる時期にあたる。また、台伐りの周期は、通常の薪材の利用径級を考えれば、20年に一度程度と考えられるが、齢構成からも20年程度と推察された。

コナラの巨木化の背景には、その他、あがりこ型樹木の形状や成長解析から台伐りの影響が考えられた。そこで、萌芽幹と元幹の肥大成長経過を年輪の解析から行ってみた。萌芽幹の初期成長が良いこと、同時に、元幹の肥大成長も台伐り直後に幾分回復する傾向が見られた(図2-12)。萌芽幹は、元幹(株)の貯蔵養分を利用して成長するところから実生発生の個体より初期成長が良いのは当然であるが、元幹の成長回復はなかなか説明がつかない。考えられることの一つに、個体を取り巻く光環境の好転が挙げられる。すなわち、台伐りによって個体を取り巻く光環境は大幅に改善され、萌芽幹の成長により肥大成長が促される可能性である。一方、台伐りによって大幅に着葉量が減少するのも事実で、元幹と萌芽幹の双方で肥大成長できる本当の原因については、今後の詳しい調査研究を待ちたい。

この林分の林床は、ほぼ全域、2mほどのユキツバキの群落によって覆われており、その中を歩くのも困難である。その藪の中の地面には数多くの穴が存在する。いわゆる“かじご焼き”の窯跡である。ということは、この林分では、過去にかじご焼きが行われていたことを示し、コナラをはじめあがりこ型樹形の樹木を除き、その他樹木は、かじご焼きの伐採跡地に更新したものと考えられた。参考までに根元齢を調べてみると、単幹のコナラ、ホオノキの齢が44年であった(図2-11)。その時期に最後のかじご焼きを行ったと推察された。コナラのあがりこ型樹形の存在

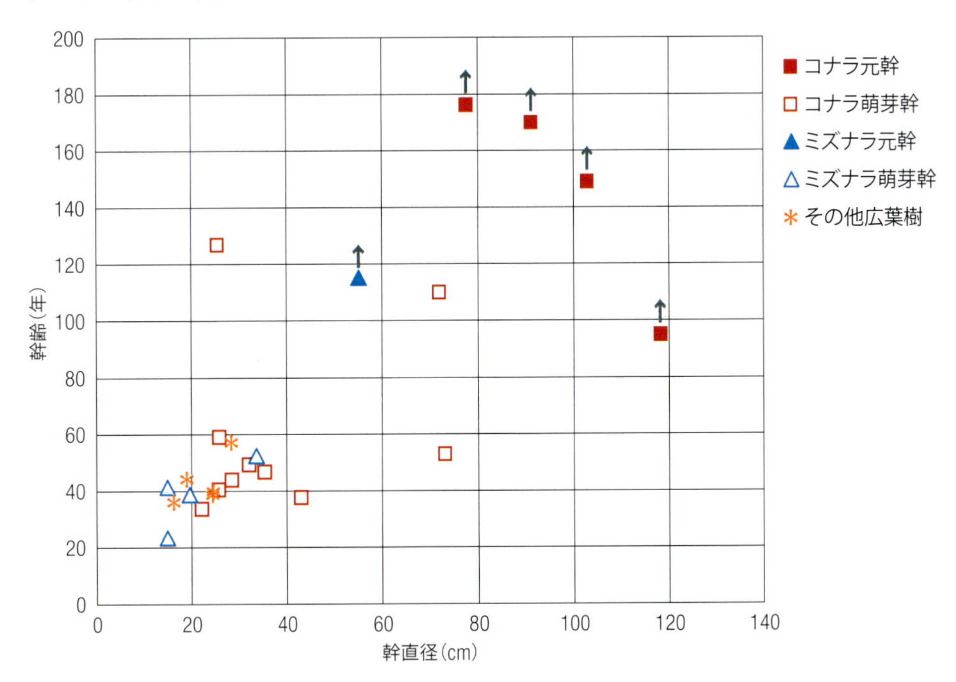


**図2-11　両調査区内の立木、萌芽幹のサイズと幹齢との関係**

↑はそれ以上の幹齢を示す。

とかじご焼きの痕跡を考えた場合、この林分の過去の取り扱いは次のように推察された。すなわち、あがりこ型樹形のコナラについては、ほぼ20年周期で、台伐りにより冬季の雪上伐採で薪材を生産する。あがりこ型樹形以外のコナラは、晩秋、雪の本格化する前に部分的に皆伐し、かじご焼きで炭を生産して利用していた。その周期は利用径級を考えて台伐りの周期よりは短く、おそらくは10年程度ではなかったかと思われる。こうした異なる形の利用が同一林分で行われていたため、全体的には低木林であるが、その中に、あがりこ型樹形のコナラが点在していたと考えられる。その歴史は、あがりこ型樹形のコナラの元幹樹齢が、100 ～ 180年だった(図2-11)ことから、その時代から行われていたといえる。

こうしたコナラのあがりこ型樹形林は、只見地域で各所に見られる。代表的なものは、現在、「青少年旅行村」となっている同じ只見地区内の薪山で、ここにも多数のあがりこ型樹形のコナラが存在したと言われている。しかし、田子倉ダム建設時の資材置き場となり、その多くは伐採され、現在は、只見川の河岸段丘の縁の部分にかろうじて残されているだけである。その他、只見川沿いに隣の金山町にかけ、このあがりこ型樹形は存在しているようである。全国的に見てもあ

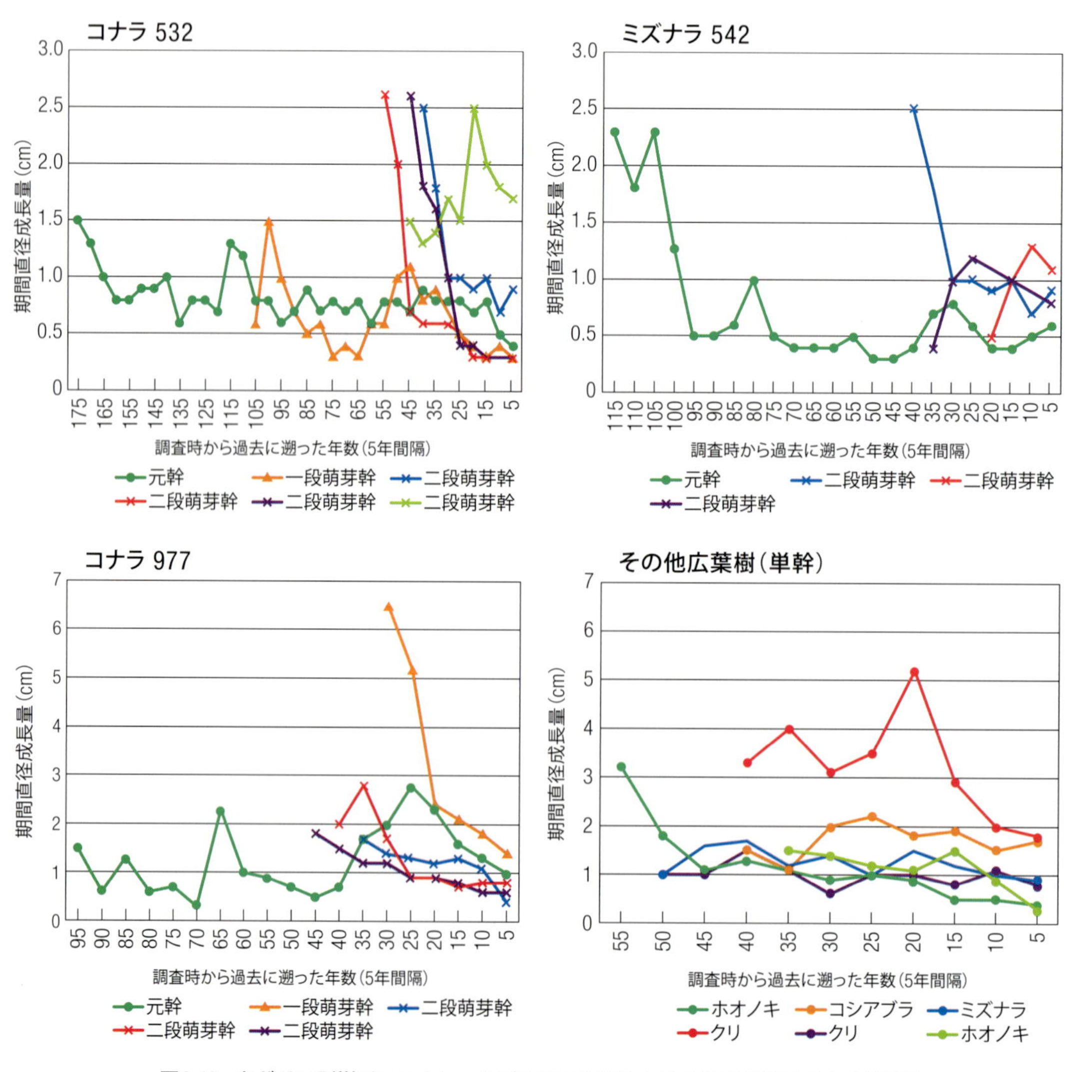


**図2-12　あがりこ型樹形のコナラ・ミズナラの萌芽幹とその他広葉樹の肥大成長過程**

まり例がなく、極めて貴重な存在と言えよう。

現在、このコナラのあがりこは、存在の危機に直面している。日本海側で猛威を振るっている“ナラ枯れ”である。ナラ枯れは、カシノナガキクイムシという昆虫が、ナラ枯れ菌を体内に持って運び、ナラ類に取り付いて伝播し、枯らす現象で、しばしば集団でのナラ枯れを引き起こすことから大きな問題となっている（黒田編、2008）。カシノナガキクイムシのこうした行動は、ナラ枯れ菌を生きたナラ類に持ち込み、その中で菌を育て、それを餌として利用するためである。このナラ枯れは、ナラ類の通導組織の細胞が侵入したナラ枯れ菌への防衛反応で生成された物質で詰まるため引き起こされるものである。一般には、カシノナガキクイムシの侵入しやすさから、ミズナラが被害にあいやすく、しかも大径木から被害を受けるので始末が悪い。只見町では、2012年ぐらいから、隣の新潟県から六十里越道（国道252号）と叶津川上流を経由して侵入し、被害を拡大させていった（中野ほか、2013）。そして、最も多くの被害を出したのがあがりこ型樹形のコナラであった。その原因となったのは、この地域はブナが圧倒的に優占し、ミズナラの個体数が少ないこと、それに代わってコナラ林が集落周辺を中心に広がり、しかもその中にコナラのあがりこ型樹形という比較的径級の大きい木が存在したことが挙げられる。かくして、柴倉山山麓および青少年旅行村にあるあがりこ型樹形のコナラ巨木が次々と被害にあい、枯損してしまった（写真2-11；2-12）。

これに対応するため、山形県森林研究研修センターの斉藤正一君に依頼し、当時最も有効な防除策と考えられていた殺菌剤の注入という対策をとることになった。防除策の原理は、極めて簡単である。ナラ枯れの被害を受けていないコナラの大径木の根元付近に、10cm間隔で、ドリルで穴をあけ、そこに高濃度の殺菌剤（商品名ウッドキングDASH）を0.5mℓ、注射器で注入するだけである（森林総研、2015）。こうすることで、ナラ枯れ菌の拡大を抑え、樹体の枯死を防止するというものである（写真2-13）。この処置をとることで、2年程度はナラ枯れの被害を防止できるが、3年目になると殺菌効果が失われるため、再注入が必要である。実際に殺菌剤の注入を行い、薪平におけるあがりこ型樹形のコナラをナラ枯れから守ることができた。しかし、これには、手間と費用がかかるのが大きな問題である。あがりこ型樹形のコナラの保護のため、毎年、殺菌剤の注

**写真2-11　只見町におけるナラ枯れの被害**　多くの場合、ミズナラではなくコナラが被害を受けている（只見町黒沢地区）。

入を行っているが、なかなか追いつかないのが実状で、ナラ枯れの進行を完全には止めることができず、現在もあがりこ型樹形のコナラの枯死が進み、その数の減少に歯止めがかかっていない。なお、只見町において最も太いコナラは胸高直径が144cmであり、これも3mほどで台伐りされたあがりこ型樹形の個体である(写真2-14)。

**写真2-12　只見におけるナラ枯れの被害**　カシノナガキクイムシにより食害され枯死したあがりこ型樹形のコナラ(左)と幹からあふれる木屑(フラス)(右)。

**写真2-13　殺菌剤(ウッドキングDASH)の注入によるナラ枯れ防止対策**

**写真2-14　只見町舘ノ山にあるこの地域最大級のコナラの巨木**

# 第3章　全国のブナのあがりこ巡り

あがりこは、ブナの台伐り萌芽により形成された樹形を指す。あがりこの生態誌と銘打つからには、まずは、全国で知られているブナのあがりこをきちんとこの目で見た上で、整理しておくことが重要である。そこで、本章ではこれまでに情報を得た全国のブナのあがりこについて、立木の状況や周辺環境、地域の状況などについて整理し、解説していくこととする。

## 1. 鳥海山麓のブナのあがりこ(秋田県にかほ市)

ブナのあがりこは、比較的名前を知られているが、その実物を見る機会は少ない。その理由として、ブナのあがりこが数の上で、それほど多く分布してはいないことが挙げられる。確かにブナのあがりこの分布域は日本海側の多雪地帯を中心に広く分布するとされるが、単木的なものが多く、偶然に作られたものがほとんどではないかとさえ思える(後述)。つまり、雪上伐採により、長期にわたって薪材生産を行った結果としてのあがりこというのは、意外と少ないのかもしれない。

日本で最も典型的なブナのあがりこ集団がどこにあるかと尋ねられれば、秋田県にかほ市象潟町、鳥海山麓の中島台にある獅子ヶ鼻湿原周辺と言える。この湿原は、十数箇所から湧きだす鳥海山の伏流水により形成され、その面積は約26haに及び、現在、湿原およびその周辺が国の天然記念物に指定され、地元の観光資源ともなっている。ブナのあがりこは、天然記念物指定区域の中にも存在するほか、区域外には「あがりこ大王」「燭台ブナ」などと名付けられたブナのあがりこの巨木があり、多くの観光客が見に訪れている。

実は、このブナのあがりこ林分については、話には聞き、インターネットでも広く紹介されているところだが、私自身は、機会がなく長らく見ることはできず、本書をまとめる段になってやっと、その地を訪れることができた。にかほ市象潟町の市街地から鳥海山山麓を登り中島台の駐車場へ、さらにここから遊歩道を獅子ヶ鼻湿原に向かう。この遊歩道周辺にはブナの二次林が広がり、そのブナの多くが幹を途中台伐りし、萌芽幹の発生したあがりこである(写真3-1)。

聞くと見るとでは大違いで、あがりこ群の規模の大きさには正直驚いた。赤川に架かる橋を渡り、川沿いを行く

写真3-1　鳥海山獅子ヶ鼻湿原周辺のブナのあがりこ群

歩道の先に、有名な「あがりこ大王」がある（写真3-2）。その幹回り7.6m、地際1.5mほどの高さで台伐りが繰り返され、幹分かれをしている。幹の伐採部が樹皮により被覆・修復され、ごつごつとした幹部が2mほど上に続く。これほど大きなあがりこは稀だが、周囲には数多くのあがりこが存在する。ここに見られるあがりこは胸高直径が50～60cm、大きなもので1m程度であり、地際1.5～2.5m付近で台伐りが行われている。台伐りの位置にも特徴があり、1箇所しか見られない。同じ台伐り位置で萌芽した幹を伐採、利用し続けたため、幹の肥大奇形が上方向に続いている。また、台伐り位置から発生している萌芽幹は2～3本で、これは最後の伐採、利用から年数が過ぎて発生した幹が自然に枯死・脱落した結果と思われる。

この林分については、冒頭に紹介したように、東北大学の中静透氏らが、詳細な調査を行い、その利用と形成過程を明らかにしている（中静ら、2000）。要約すると、地上4m付近で台伐りが行われ、最大11本の萌芽幹が発生、空中写真の解析から昭和30年代（1960年代）までは林冠構造から伐採の痕跡が確認され、過去20～40年の周期で伐採が繰り返されてきた。その際は、数本の萌芽幹を残す方法がとられている。この論文では言及されていないが、現地で確認すると最初の台伐り位置は、現在萌芽幹が発生している場所より1mほど低い位置にある。只見の場合と同様に、同一場所では次第に萌芽力が落ちるため、萌芽幹の伐採位置を微妙に上げて、萌芽幹の発生を確保した結果と思われる。ただし、只見で見られたような萌芽幹の一部を伐り残し、台伐り位置を一気に1mほど上げる方法とは異なっていた。

この地域にブナのあがりこ集団が形成された過去の森林利用履歴について、詳しくはわからないが、象潟町史（2001）によれば、この中島台地区に最も近い上郷集落では、戦前、炭焼きが盛んに行われ、1931年（昭和6年）には207tの炭が生産・出荷されたとの記録が残されている。獅子ヶ鼻湿原周辺の森林は、国有林に帰属しているため、薪炭用に地元住民への払い下げが行われ、地元民が炭を焼いたものと思われる。実際林内には、今も当時の炭焼き窯が残されている。窯は石窯であることから主に白炭が焼かれたと思われる（写真3-3）。炭焼きによりブナを伐採した結果、

**写真3-2　あがりこ大王と呼ばれるブナ**　胸高周囲7.6mの巨大なブナのあがりこは、あがりこ林のシンボル的な存在。

**写真3-3　炭焼き窯（石窯）の跡**　炭焼きは藩末から行われ、その伐採周期は90年と言われる。

現在の二次林が形成されたのであろう。二次林を構成する樹木のサイズから推定すると、80年生の二次林というのは妥当な林齢である。しかし、炭焼き利用は、地際での伐採であることから、あがりこの形成とは直接関係しない。あがりこは、春先、堅雪の上で、雪の上に出たブナの幹を伐採し、それを運び出して燃料の薪として利用し、そこから萌芽枝が発生し、幹化することで生まれる。したがって、台伐り位置は、積雪深と密接に関係する。この地域は多雪地帯にあり、現地の観察で見た最初の台伐り位置が1.5mというのは妥当な高さと思われる。管理事務所に居合わせた地元の職員に話を聞いたところ、子供の頃に親が橇に伐採した薪を積んで、山から下りてくるのをよく出迎えたと話してくれた。ちなみに、この樹形を地元では「あがりこ」とは呼ばず、山形の方の言葉ではないかと言っていた。中島台のブナのあがりこ集団の広がりと数の多さから推定すれば、獅子ヶ鼻湿原周辺のみならず、赤川、岩股川流域に相当の広がりをもって分布しているものと思われる。先の地元職員によれば、鳥海山麓の山形県側にも、ブナのあがりこは分布しているというが、確かな情報は得られなかった。

**写真3-4　あがりこ型樹形のミズナラ群**
獅子ヶ鼻湿原の西側を中心に分布する。

さらに、この地域のあがりこは、ブナに限らないことも、大変驚かされた。この林分は、確かにブナの優占度は高いものの、中にはミズナラが相当数混じっている。このミズナラについても、台伐り萌芽更新が行われており、あがりこ型樹形が見られる。特に多いのは獅子ヶ鼻湿原の西側で、台伐り萌芽により形成されたあがりこ型樹形のミズナラを中心とした二次林であった（写真3-4）。つまりは、戦前、鳥海山麓に広がるブナ天然林を炭焼きのため皆伐し、再生したブナ・ミズナラを主体とする二次林で雪上伐採を行い、薪材生産を行ってきたのが、今日のあがりこ群を形成した背景といえる。したがって、歴史的には、それほど長期にわたる森林利用の結果とは言えないようだ。

## 2. 姫川流域のブナのあがりこ（長野県小谷村・新潟県糸魚川市）

第8章で紹介する長野県松川村のサワラのあがりこ型樹形林の調査をしていた折、長野県林業総合センターの小山泰弘君に地元の材の利用についての聞き取り調査をお願いした。結果的に明確な情報は得られなかったが、長野県北部の小谷村にブナのあがりこ林があるとの情報を得、現地の写真を送ってもらった。しかし、その写真を見る限り、期待していた規模のあがりこ群とは思えなかった。この小山君からの情報とは別に、元林業試験場に勤務し、その後、信州大学に移られた新田（若林）隆三氏（名誉教授）からあがりこの有望な情報がもたらされた。私の書いたあがりこに関する雑文を読み、やはり同じ小谷村にブナのあがりこがあるとの情報であった。さて、本書をまとめるにあたって、とりあえず、多くの事例を見ておこうと、隣接する糸魚川市のブナ・スギあがりこ型樹木群と併せて見に行く計画を立てた。小山君ともう一人の県職員と小谷村役場で待ち合わせをし、現地に向かった。ところが、小谷村とは言え、現地へ行くには、一旦糸魚川市に入り、そこから遡るというコースをとらなければならない。瑪瑙の産地で有名な姫川の左岸、根知地区から南に向かい、長野県に入ると今は集団離村して廃村となった旧戸土集落がある。この集落からさらに荒れた林道を2㎞ほど進むと、ほぼ峠の稜線部にたどり着く。ここは越後糸魚川と信州松本をつなぐ千国街道、別名塩の道の地蔵峠越えから近い。車を降りてすぐにブナのあがりこが目に入ってくる。林内には歩道が整備されており、その周辺にあがりこのブナが多数見られる。しかも、そのサイズ、樹形とも私の想像を超えるものであった。

普通、ブナのあがりこがあると聞いて行ってみても、確かに台伐り萌芽によって形成されたあがりこではあるが、今一つイメージしたものとは異なる場合が多い。しかし、戸土のブナのあがりこの場合、正しく思い描いたようなブナのあがりこであった(写真3-5)。

第一段目の台伐り位置は地上3m付近、そこから上で台伐りが繰り返された結果生まれたこぶ状の樹幹が1mほど続き、その上で複数の樹幹に分かれ、その1mほど上で第二段目の台伐りが行われている。台伐りされた場所から発生している萌芽幹は2～3本である。また、面白いのは、ブナが成長して積雪を越えた場所でできる枝抜け（下枝が雪の沈降圧で引っ張られ根元部分で引き抜かれる現象）の跡が樹幹にきれいに残されていることである。この樹形からも、この地域の積雪深が3mほどであることが読み解ける。これは枝抜け位置から推察される。台伐りは積雪期(早春)、雪の上で行われている。これは第一段目の台伐り高からも明らかである。台伐りは短い周期で繰り返し行われてきたようで、こぶ状の樹幹が1mほど形成されていることからも推察される。さらに、第二段目の台伐り位置が存在することから、萌芽力が落ちて、これを維持する方法がとられたこともわかる。

一方、周辺の林分に目を転じると、造林成績の良くないスギの若い造林地となっている。ブナのあがりこは、スギ造林地の間に点在していることがわかる。スギは後に植林されたもので、元々はかなり開放的な場所にブナのあがりこが点在していたと見られるのだ。この林分に隣接した場

写真3-5　長野県小谷村旧戸土地区のブナのあがりこ

写真3-6　スギの造林地がブナのあがりこ群に埋もれている(小谷村旧戸土地区)

所には、より大きなブナのあがりこが存在し、スギの造林地がこの中に埋没しつつある(写真3-6)。

このブナのあがりこ群を含む林分は、長野県の県有林で、元々は地元戸土集落の共同持ち山(共有林)であったが、集落が集団離村するにあたって、その移転費用を捻出するため、長野県に売却したという。今回確認できたブナのあがりこが集落から直線距離で約1.5kmも離れた山にどうして形成されたのか、少し考察してみたい。

写真3-7　台伐り位置が異様に高いブナのあがりこ(小谷村旧戸土地区)

現在､過疎化が進む山間部の集落は､周辺を森林に覆われつつある。しかし、集落に活気のあった時代、集落周辺は高度に土地利用がなされ、また、その生活を支えるための燃料を周辺の森林に頼った。結果、集落周辺は、畑(焼畑？)、萱場として使われ、薪はその背後地で採取しなければならなくなったと考えられる。このため、集落から離れた場所まで行かないと薪の採取ができなかったと思われる。また、あがりこは、開放的な林地でなければ萌芽幹が成長できず、通常の薪山と混在する。ブナのあがりこが点在していることは、当時の名残のようだ。現地を歩く中で、ブナ二次林の中に1本のブナのあがりこを見つけた（写真3-7)。それは台伐り位置が5.5mと異常に高い。いくら雪の上とは言え、あまりにも高い位置である。しかし、考えてみれば、人間の都合で枝下高が決まる訳でもない。普通は、ブナが成長し、雪の上に頭を出したころに、沈み込む雪で枝が引っ張られ、枝抜けと枝の発生を繰り返す。これを利用して台伐りを行うようなのだが、この個体は、枝の発生が見られなかったのかもしれない。後は、台伐りしたこの木を面倒でも利用しなければならなかったのだろうし、台伐りを止めようとも思わなかったようだ。

なお、小谷村には、新田(若林)氏からもたらされた別の場所、池原地区の情報もあった。戸土の調査の帰途で探してみたが、残念ながら行きつくことはできなかった。

戸土のあがりこを見た翌日、今度はNPO法人「お山の森の木の学校」（新潟県阿賀町）の山田弘二氏の案内で、戸土とは、姫川を挟んで反対側の大所集落に出向いた。こちらは新潟県糸魚川市と行政区は異なるが、同じ姫川流域と言うことで文化圏としては共通性が高い。大所地区を訪ねた理由は、この集落が持つ共有林内に台スギ群があると聞いたからである。この台スギについては、第7章5項で紹介するが、ここにもブナのあがりこがあった。今回は台スギ調査を担当された一人である山田弘二氏と、調査協力者である大所集落の山岸卓氏を訪ねた。

山岸氏宅で、集落共有林での森林利用の歴史をお聞きした後、雨の中を山田氏の案内で現地に向かった。林道は整備されているものの、この年に降った大雨のため車の利用は難しく、急勾配の林道を1㎞ほど登り詰めることになったが、その間、雨は強くなるばかりであった。1時間ほど歩いてやっと尾根部の平坦地にたどり着いた。この凹地に天池と呼ばれる湿地があり、その周辺にブナの二次林と台スギが点在している。台スギを見せてもらいに来たのだが、現地を見てみると、台スギよりもブナのあがりこが多かった(写真3-8)。しかもここのあがりこは、前日見た戸土地区のそれとサイズも樹形も大変よく似ており、同じような年代から同じような手法で、利用が行われてきたことが窺える。戸土や只見と同様に、ブナのあがりこは点在し、その周りを再生したブナの二次林が埋めている(写真3-9)。詳細な調査研究については、新潟県森林研究所のグループが行っているので、その報告を待ちたいと思うが、台伐り萌芽と通常の薪炭林利用が並行して行われてきたことがよくわかる。

写真3-8　糸魚川市大所地区天池のブナのあがりこ

写真3-9　あがりこ林の林況(糸魚川市大所地区天池)

## 3. ブナのあがりこの地理的分布

本書の最初で書いたように、「あがりこ」といえばブナのことを指していると林業、森林関係業界では、広く認知されているが、実物のブナのあがりこにはなかなかお目にかかることができない。第2章では只見町の例を紹介し、本章でも鳥海山麓と姫川流域の事例を紹介した。これらを含めて、全国におけるブナのあがりこの地理的分布を整理してみよう。

インターネットで調べてみると、最も北に見られるブナのあがりこは、青森県八甲田山麓、田代平周辺にあるようだ。それより南で次にブナのあがりこが集団で見られるのは、秋田、山形県境の鳥海山山麓である。最もよく知られているのは、この章の最初に紹介した秋田県にかほ市の獅子ヶ鼻湿原周辺のあがりこ群である。ここにはブナの他、あがりこ型樹形のミズナラも多く見られる(獅子ヶ鼻湿原保全管理計画策定委員会編、2009)。鳥海山麓には、秋田県側ばかりでなく、山形県側にもブナのあがりこがあるとされるが、確認はしていない。山形県では、この他、鶴岡市たらのき代天狗森にブナのあがりこが分布するとの報告がある(環境省 http://www.env.go.jp/nature/satoyama/06_yamagata/no6-3.html)。天狗森は、環境省の「重要里地里山」に選定され、モニタリングサイト1000里地調査(コアサイト)が行われており、集落にも近い。

東北地方の内陸部では、岩手県、秋田県県境の焼石連峰にある。富山県森林研究所の長谷川幹夫氏が、若い時に当地を縦走した際、岩手県石淵側登山道沿いで見かけたとして写真も残されている(写真3-10)。私自身も、かつてこの登山道を歩いているが、あがりこに気付かなかった。また、インターネットの情報では、近くの金ヶ崎駒ヶ岳にもブナのあがりこがあるとの報告がある。これらのあがりこ群は、いずも奥羽山脈を越えた太平洋側ではあるが、積雪は深く多雪地帯に属する。山形県から南下して新潟県に入るとブナのあがりこの情報は途絶える。一方、内陸部の福島県では第2章で紹介した只見町に、少数ながらブナのあがりこが見られるが、広がりはない(鈴木・菊地、2012)。日本海側を南下し、新潟県妙高山麓に行くと再びブナのあがりこが見られるようになる(長谷川、未発表)。糸魚川市の姫川流域には、前項で示すようにまとまったブナのあがりこが見られ、その利用の痕跡も極めて明瞭である(大スギ等観光活用委員会、2017)。さらに姫川に沿って長野県まで続いている。

**写真3-10　焼石岳の岩手県側山麓に見られるブナのあがりこ**
〈長谷川幹夫氏提供〉

北陸地域のブナのあがりこについては、富山県森林研究所の長谷川氏がその分布を詳しく調べており、富山市のキラズ山や岐阜県飛騨市杉原、白川村萩町などで確認されている(長谷川、未発表)。南砺市利賀村在住の江尻夫妻からは、利賀と平村の境の峠にブナのあがりこらしきものがあるとの情報を受け、案内してもらった。稜線部の平坦地にブナの二次林が広がり、その中に本数は多くないが、点々とブナのあがりこが存在した(写真3-11)。このあがりこ群も、富山と岐阜県境部(奥飛騨、五箇山、白川)のあがりこ文化圏の一角をなすものと思われる。台伐り高はおよそ4m、中には、台伐り位置が二段あるものもあり、明らかに雪上伐採を窺わせる。

**写真3-11　富山県南砺市利賀村のブナのあがりこ**

また、利賀村のあがりこ林で、大変興味深いものを発見した。かじご焼きの窯跡である（写真3-12）。福島県只見町から遠く離れた富山県五箇山地域におけるこの窯跡の存在は、多雪地帯の生活文化の共通性を強く感じさせられた。

ブナのあがりこの情報は、富山で一旦途絶える。実際はさらに石川、福井と続くものと思われるが現在のところ情報がない。次に所在が確認されたのは京都の丹後半島宮津市上世屋である。こちらのあがりこは、京都大学の深町加津江氏たちが調査をしているので、間違いはないと思われる（深町、2000）。そして、インターネット情報ではあるが、兵庫県豊岡市の蘇武岳の大杉山、さらに最も南、西では、広島県西部の臥竜山にブナのあがりこの報告がある。ただし、公開された写真だけでは判断が難しい。ブナの分布は、九州山地の南端まで続くが、あがりこの情報は、今のところ見当たらない。

**写真3-12　富山県南砺市利賀村のブナ二次林の林床に見られたかじご焼きの窯跡**

ブナは、日本列島において、北は北海道渡島半島から南は鹿児島県大隅半島までの冷温帯（山地帯）に広く分布する。しかし、太平洋側の少雪地帯におけるブナ林は、森林利用と人為的な攪乱によりブ

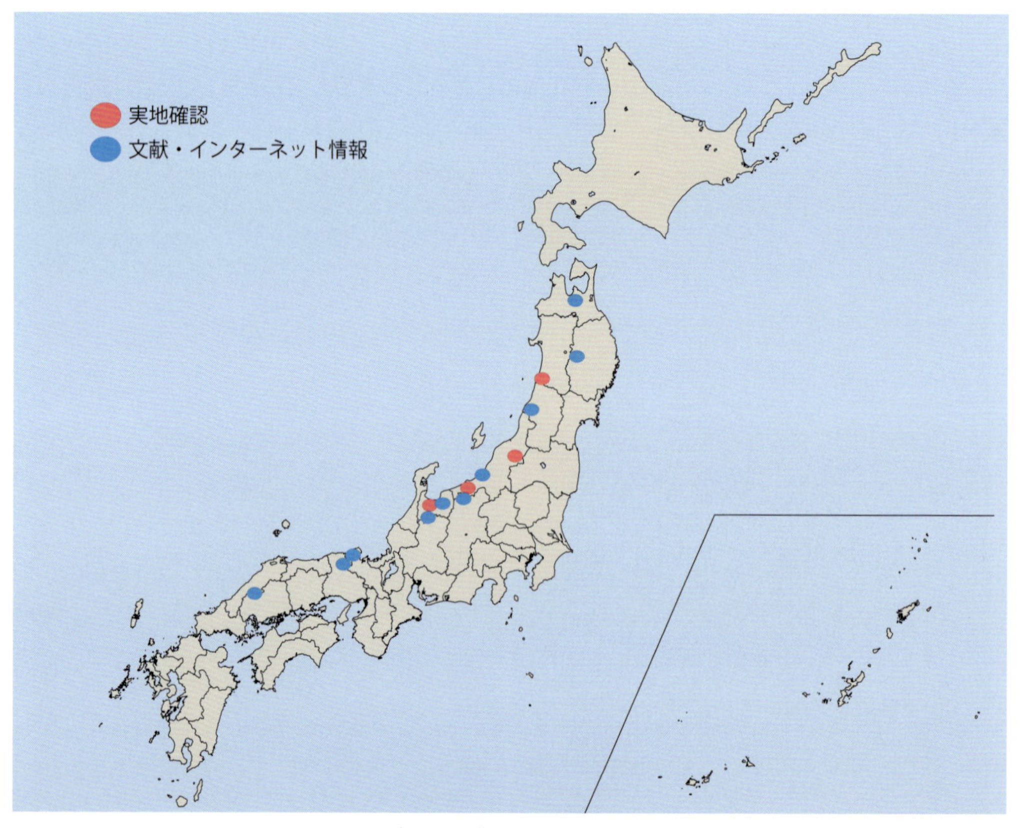


**図3-1　ブナのあがりこの地理的分布**

ナ林の面積が減少していることに加え、ブナが他樹種と混交し、その割合も日本海側に比べ低い。一方、日本海側の多雪地帯では、人間活動が制約されるためブナの天然林が比較的広く残され、しかも、ブナの占有する割合が高い（福嶋編、2017）。ブナのあがりこは、冬期（正しくは晩冬から春先）の雪上伐採で、最初の台伐りを行い、その後、台伐り位置から発生してくる萌芽枝、幹を繰り返し、薪材生産のために伐採し、その結果生まれる。あがりこは、積雪環境と密接に関係するため、ブナのあがりこは多雪地帯を中心に分布することとなり、少雪地帯には見られない。現在、確認されているブナのあがりこは、北は青森県八幡平、南は広島県北広島町で、日本海側あるいは太平洋側であっても脊梁山脈主稜の多雪地帯に集中している（図3-1）。加えてブナのあがりこの分布は、断片的で、連続性がないというのも特徴的である。この背景に、その地域の資源状況、それにかかわる伝統的な生活・文化があるように思われる。ブナのあがりこは、言うまでもなく、薪材生産を目的とする冬期の雪上伐採と萌芽幹・枝の利用にある。集落周辺に薪材が豊富な場合は、あえて台伐り萌芽による木材生産を行う必要はないが、薪材が集落近くで得られない場合に、冬期伐採と橇による運搬が合理的となる。こうなると必然的に伐採は、積雪の上で行われるため、伐採位置は高くなる。つまり、通常の地際での萌芽更新ではなく、台伐り萌芽更新が行われ、結果としてあがりこになる。言い換えれば、ブナのあがりこは、集落から遠くもなく、近くもない距離に生み出される。

冬期の薪材の運搬手段として、橇が使われるが、大きくは二つのタイプがある。一つは、福島県只見地域で通常見られる二本橇（写真3-13）で、2本の橇板に横木を渡し、それらを縄でしっかりと留め、その上に木材を乗せるもので、春木（薪材）のみならず大径木の運材にも使われてきた。もっとも、現在では、それも姿を消し、もっぱらスノーダンプが代用されている（写真3-14）。もう一つが一本橇で、広めの橇板の上に、幹と

**写真3-13　二本橇による薪炭材の搬出（福島県只見町）**〈新国勇氏提供〉

**写真3-14　春木伐りの風景（福島県只見町）**
現在は、木橇ではなく、スノーダンプが使われている。

枝からなるＶ字型の枠を載せて固定し、そこに薪材を積み込む（写真3-15）。操作は、スノーボードの原理で、橇を斜面に対し横向きに滑らせ、エッジでブレーキをかける。この一本橇は、新潟県の上越市から富山県にかけて見られ、ブナのあがりこの分布と一致する。ちなみに、この一本橇は急傾斜地に適し、安全に薪材を運搬できると言う（新潟県立歴史博物館編、2015）。

**写真3-15　一本橇による薪炭材の搬出（富山県）**
〈長谷川幹夫氏提供〉

# 第4章　あがりこ型樹形のクヌギ

## 1. 台場クヌギと菊炭生産

大阪府と兵庫県の府県境にある妙見山（標高660.1 m）の兵庫県側にあたる川西市黒川地区から妙見山に登るロープウエイ周辺には、台場クヌギと呼ばれるあがりこ型樹形のクヌギがある。この地域には、なだらかな斜面に棚田が広がり、今でも茅葺屋根の古民家が存在するのどかな地域である（写真4-1）。台場クヌギは、地上部2mほどのところから台伐りし、そこから多数の萌芽幹を発生させている。台伐り位置は一様ではなく、低いものでは1 mほどで、ほとんどは2m以下で台伐りされている（写真4-2）。“台場クヌギ”の名前の由来は定かではないが、“台伐りした場所から萌芽幹・枝が発生している”ところから台場クヌギとしたのではないかと推察される、ちなみに一般的に台場と

**写真4-1　北摂地方の里山に広がる集落の風景**
茅葺屋根の古民家が多く見られる。

**写真4-2　台場クヌギ（兵庫県川西市黒川の妙見山山麓）**

いう呼び名は“砲台”を置いた場所を指し、派生的に戊辰戦争の際に官軍の陣地となった場所を指すが、この地方は、こうした歴史性には該当しないと思われる。

台場クヌギは、現在も台伐り萌芽施業が行われているのが特徴的である。この目的は、地域の特産である菊炭の生産、炭焼き用材の生産である（写真4-3）。兵庫県の北西部地域（兵庫県川西市、能勢町、猪名川町など）は、菊炭で有名な池田炭の生産地である。菊炭の名は、木口に綺麗に現れる放射状の割れ目模様が菊の花を思わせることに由来する。また、樹皮もそのまま綺麗に炭化して形を留め、それが特に木口面での美しさをさらに高めている。火付き・火持ちもよく、燃材としても一級品とされ、これらはいずれもクヌギを焼いた炭の特性による。池田炭は、クヌギを焼いて作った品質の高い黒炭のことを言い、茶の湯炭として使われていた。全国的に見れば、江戸時代に千葉県佐倉市周辺で焼かれ、江戸市中に供給された佐倉炭と並び称されていた。ちなみに池田炭の名は、池田が菊炭の集積地であったことに由来するものである。

池田炭の製炭法は、黒炭を焼くのに広く使われている土窯を築き、窯内消火による方法が用いられ、材料はクヌギが使われる。製炭材の生産方法として、台伐り萌芽更新がとられ、台場クヌギの形成につながっている。台場クヌギの生産は、幕末の農学者である大蔵永常の著した農書『広益国産考』〈1859年（安政6年）〉にも記載されている（大蔵、1995）。明治期にクヌギの植林と施業を推奨した田中長嶺は、彼の著書「散木利用編第二巻（くぬぎ）」で、クヌギの施業法を解説し、その著書の中で台場クヌギも挿絵に使われている（田中、1901）。しかし、この地方の薪炭林のクヌギが、あがりこ（台場クヌギ）として最初から仕立てられてきたわけではない。諸説あるがクヌギの萌芽力の維持のために台伐りを行い、あがりこ型樹形にしたということではないだろうか。

台場クヌギの多くは、明治以降に植栽されたものである。通常行われるクヌギの萌芽更新法で

**写真4-3　兵庫県猪名川町の池田炭（菊炭）生産**

は、植栽したクヌギを木口10cmほどで利用するため伐採し、新たな萌芽幹を1本だけ育てる。この萌芽幹を伐採、利用した後は、2、3本の萌芽幹を立てて育てて、伐採、利用を繰り返す。利用径級となる木口10cmに達する周期は7～8年とされる。しかし、伐採、利用を繰り返して株が大きくなると腐朽などが進み、萌芽力が落ちてしまう。これを回避するためには萌芽幹を1本、伐採、利用せず、そのまま立て木として残す必要が生じる。その後、残した立て木を台伐りすることで、萌芽幹・枝が発生する。こうした結果、台場クヌギの原型ができ上がり、それが成長することで、今日の姿となったのではないかと考えられる。第1章でも紹介しているが、この方法は、一般的な萌芽更新と対比して、他にも有利性が考えられる。通常の萌芽更新では、萌芽枝は、隣接する他植生との競争の中に置かれる。それに対し、台伐りにより発生した萌芽幹は、この競争を回避でき、林床管理の手間が省けるのである。これは、妙見山周辺の台伐り萌芽更新施業の現場を見ると納得がいく(写真4-4)。

クヌギは地上1～1.5mほどで主幹が台伐りされ、その伐採位置周辺から多数の萌芽幹が発生している。萌芽幹が利用径級に達すると伐採され、炭として焼かれる。台場クヌギの場合は、萌芽幹はすべて伐採、利用され、立て木を残すことはない。幹が細いうちに伐採しているため、萌芽の発生力も維持されているようである。また、地上部1mほどの主幹が残されることにより、そこに蓄えられた貯蔵栄養分が萌芽の発生、成長に貢献していると考えられる。

しかし、疑問も残る。確かに、現在実施している台場クヌギは、台伐り位置が地上1mほどであるが、現在は使われていない古い台場クヌギを見てみると台伐り位置が2mほどと人の背丈より高い位置にある。しかも、台伐り位置は一段のみで、台伐りが萌芽力を維持するために上昇してきたという痕跡も見られない。冬季、ほとんど積雪もないような地域なので、伐採作業は、幾分

**写真4-4　台場クヌギ**　地際1.5mほどで台伐りし、そこから発生する萌芽枝を短い周期で伐採し、炭焼きの材料として利用する(川西市黒川地区)。

困難を伴う気もする。では、どうして、このような位置での台伐りが行われていたのだろうか？

一つとして、家畜の食害から萌芽枝を守るためとの説がある。確かに、この地方でも農耕用の牛馬は飼われていた可能性はあるが、放牧原野が存在し、薪炭林施業と放牧を同時に行う混牧林業が行われてきたという歴史は見受けられない（猪名川町史編集専門委員会編、1989）。何か、全く違った歴史的社会経済的な背景があるのかもしれないが、今のところは謎である。

大阪市立自然史博物館の佐久間大輔氏によると、台場クヌギは、本来、株の萌芽性を維持するために台伐りを行うようになったが、これは通常地上1mほどを限度としてきた。一方で、道端や田畑周辺に存在する台伐り位置の高い台場クヌギは、「すずき（ハゼギ）」利用の名残ではないかと推察している（佐久間、2008）。すなわち、刈り取った稲を天日干しにするため稲架木（はせぎ）にかけるために利用されたとする説である。実際、農書『農事遺書』（1709年）にも、1丈（約3m）ほどの高さでの上きり（台伐り）が提唱されている。これは台場クヌギの台伐り位置に相当する。もしかすると、後述する山梨県北杜市のあがりこクヌギも同じ理由によって、高い位置で台伐りされたのかもしれないが、謎である。

さて、こうした台場クヌギであるが、最近思わぬ形で、そのやり方に有利性、合理性が確認（証明）された。最初、鳥取大学の大住克博君に妙見山に登るケーブルカーの黒川口周辺にある台場クヌギを見せてもらったが、その時は1mほどの高さで台伐りされた幹の台伐り位置付近から多数の萌芽枝が発生しており、これから菊炭が焼かれるのかと感心したものだったが、二度目、季節を違え、やはり大住君に案内してもらい再度同じ場所を訪ねた際、現場の様相が様変わりしていることに驚かされた。個体数の増えたニホンジカによって林床植生は食い尽くされ、クヌギの萌芽幹、枝も食い荒らされていた（写真4-5）。つまり、1m程度の台伐り位置では、シカなどの野生生物の採食圧は回避できず、図らずも萌芽更新が難しいということが実証されたのである。かつて、この地方に多くのシカが生息していたとすれば、確かにクヌギの台伐り位置は、自ずと高く設定する必要が出てきて当然であろう。牛馬は一定程度、その行動を管理できても、野生動物の行動を管理することはできない。とすると、それらの採食圧を回避する手段としては、台伐り位置の上昇が生まれることになる。ましてや通常の萌芽更新の場合、その影響は深刻である。これも、一つの仮説ではあるが、台伐りの有効性は、現在も実証されていると言ってもよいし、今後、

**図4-5　シカの食害を受けた台場クヌギ**　近年、シカの個体数が増加し、萌芽枝が被害を受けている。

池田炭(菊炭)生産を続けていくためには、台場クヌギのような高い位置での台伐りは極めて有効である。

台場クヌギは、現在、菊炭生産とは全く関係ないところで、その価値が見出されている。それは、台場クヌギを訪れる昆虫相の多様性である。台場クヌギ林はオオクワガタをはじめとするクワガタムシ類や、樹液に集まるカブトムシやオオムラサキ、クヌギの葉を食べるアカシジミ、ウラナミアカシジミといったチョウの生息環境となっている(大阪市立自然史博物館編、1983)。都市近郊という立地を考えても貴重な自然環境である。さらに同地域は室町時代以降の著名な池田炭・一庫炭の生産地だったことから、「猪名川上流域の里山(台場クヌギ林)」として、日本森林学会が、森林を活用した人間の営みの中で編み出されてきた林業発展の歴史を示す景観施設、跡地をはじめ技術や特徴的な道具類を将来にわたって記憶・記録する「林業遺産」に認定している。

## 2. 天蚕とあがりこ型樹形のクヌギ (山梨県北杜市、長野県安曇野市の事例)

第8章2項で紹介する山梨県小烏山のあがりこ型樹形のサワラを調査していた折、現地を案内してくれた山梨県森林総合研究所の長池卓男君から北杜市にあがりこ型樹形のクヌギが存在するとの情報を聞いた。長池君は、にかほ市のあがりこを調査(中静ら、2000)した東北大学の中静透氏の共同研究者で、北杜市には中静氏自身も訪れたという。そこで早速、北杜市のあがりこ型樹形のクヌギを長池君に案内してもらった。

あがりこ型樹形のクヌギがある場所は、大きく2箇所に分かれていた。1箇所は、北杜市明野地区(市の北部)で、山間地の棚田に隣接する雑木林で、太さ40cmほどのクヌギは地上3mほどで台伐りされ、多くの萌芽幹が出ていた。明らかにあがりこ型樹形のクヌギである(写真4-6)。ただしこのクヌギは林分を形成するというよりは、農作業用道路の道脇に列状に並んでいる。もう1箇所は、北杜市の西側に位置する日野春地区で、河岸段丘上の平坦地ある雑木林となっていた(写真4-7)。明野と同じように地上2～3m付近で台伐りされ、多数の萌芽幹が出ていた。日野春のあがりこ型樹形木は樹齢が高いようで、萌芽幹の直径が60～80cmとかなり太い木も見られた。台伐

写真4-6　山梨県北杜市明野地区のあがりこ型樹形のクヌギ

りにより主幹が伐り落とされた後、そこから発生した萌芽幹を繰り返し伐採、利用した結果、台伐り位置が肥大化し、あがりこ特有の樹形となっている。また、萌芽力を維持するために伐採位置が上昇し、中には二段型となるものも見られた(写真4-8)。

北杜市周辺は、昔から製炭が盛んな地域と言われ、クヌギも積極的に植栽されたものと思われるが、台伐りに至った経緯については、明確ではない。当地を訪れたという中静氏は、「放牧が盛んであった甲府盆地で、家畜の採食を回避し、クヌギの樹体を保護するために台伐りが行われたのではないか」との解釈をしていた。しかし長池君は、地元の人の聞き取りで、台伐りによって発生した細い萌芽枝を養蚕の蚕室を仕切る枝として使っていたと教えてくれた。

この情報をさらに詳しく調べようと様々な文献やインターネットの検索を当たってみると、実は北杜市周辺がかつて、天蚕を盛んに生産していたとの情報に行き当たった。この説は、クヌギの台伐りの背景として、極めて有望な説と思われた。すなわち、天蚕の飼育に、台伐りによって発生した新しい枝とその上で展葉する新葉を蚕の飼料として利用するというものである。しかし、実際の天蚕の飼育は見たこともなく、イメージすることすらできなかった。唯一、目にしたのは、宮沢賢治の「グスコーブドリの伝説」の登場人物の一人「てぐす飼い」ぐらいなもので、ますむら・ひろし作の猫版(まんが版、1981)の中に絵を見ることができる。ちなみに、天皇家の宮中行事の一つに、「ご養蚕」があり、その中で皇后が山繭の種をクヌギの木に放つ儀式がある。長らく途絶えていた養蚕の儀式を、養蚕が開国後の一大輸出産業にまで発展したことから、明治4年(1871年)に昭憲皇太后が復活させ、以後戦災などで途絶えることもあったが、今日まで続けられている。現在は紅葉山御養蚕所で行われている。

そもそも天蚕は、日本原産の野蚕で、鱗翅目ヤママユ科に属する蛾の一種であるヤママユ(山繭・学名 *Antheraea yamamai*・英 Japanese Oak Silkmoth)を指すが、ヤママユガ(山繭蛾)、テンサン(天蚕)ともいう。北海道から九州にかけて分布し、全国の落葉性雑木林に生息している。台

写真4-7 山梨県北杜市日野春地区のあがりこ型樹形のクヌギ

写真4-8 台伐り位置が二段のあがりこ型樹形のクヌギ

湾、朝鮮半島、中国大陸にも分布する。幼虫は、ブナ科のクヌギ、コナラ、クリ、カシワ、ミズナラなどの葉を食べる。4回の脱皮を経過して熟蚕となり、鮮やかな緑色をした繭を作る。繭一粒から得られる糸は約600～700mの長さで、この糸は「天蚕糸」と呼ばれる。

現在飼育が行われているのは天皇家を除けば、長野県安曇野市穂高有明地区が知られている。全くの偶然であったが、あがりこを調査研究するきっかけとなったあがりこ型樹形のサワラ林がある有明山の麓に位置する地区である。そこで、実際に、どのように天蚕の飼育が行われているのか、あがりこ型樹形のサワラ林の調査のついでに、有明天蚕を紹介、展示する「天蚕センター」を訪ねてみた。

天蚕センター自体は、平屋のこじんまりした地味な施設であったが、天蚕の生態、飼育法、製品が丁寧に紹介されており、大変参考になった(写真4-9)。特に天蚕で織った絹織物は、その薄緑色が何とも気品があり、その美しさに驚かされた(写真4-10)。また、そこで手に入れた紀要の初巻には、東京の大学生によって書かれた天蚕の歴史(竹中、1987)が掲載されており、山梨県北杜市のあがりこ型樹形のクヌギとのつながりも強く示唆された。もう一つ驚かされたのは、天蚕センター敷地内の天蚕の飼育場である(写真4-11)。そこには、正しくクヌギのあがりこ型樹形の原型、そしてあがりこ型樹形のクヌギそのものを見ることができた。それは、天蚕の飼育法と密接に関係していた。

天蚕の養蚕法は、まず、タネとなるヤママユの卵を柿渋とわらび粉を混ぜ合わせて作った糊で和紙に貼り付け、これを小さく切り分け、クヌギの新芽の近くの枝に付け(山付け)、孵化を待つ。その後、脱皮を繰り返して成長するが、その成長に合わせ、餌不足が生じないように葉の多い場所に幼虫を移動させる。これを「切り返し」という。そして7月上旬、最終齢となった天蚕は、繭

写真4-9　長野県安曇野市天蚕センターと展示物

を作り、これを収穫する。この間の飼育はすべて野外で行われ、その飼育場となるのが、クヌギの細枝であり食料としてのクヌギの葉である。こうした作業を効率的に行うために、クヌギの台伐り萌芽が利用されている。すなわち、「山付け」や「切り返し」などの作業を効率的に行うために、手の届く場所で台伐りを行い、そこからの萌芽枝に展開する新鮮な葉をヤママユの幼虫に食べさせることで、成長を促し、天蚕の生産を行う。繰り返し台伐りを行うことで、萌芽幹の発生が確保されてきたのだろう。天蚕の飼育を行うためにあがりこ型樹形のクヌギが必要になったと思われる。しかし、このような飼育木も大きくなると、樹勢も衰え、萌芽力を失うことから伐採され、植え替えられるが、中には放置され、大径木のクヌギあがりことして成長し、残された可能性もある。

日本における天蚕による養蚕は、天明年間（1781 ～ 1789年）に信州安曇野の穂高有明地区に始まる。享和年間（1801 ～ 1804年）に入ると、飼育林が設けられ、農家の副業として発展し、生産された天蚕繭は、近畿地方に出荷されていった。また、糸縒りの技術も習得し、生産量はさらに上がった。この歴史については、文政11年（1828年）に北澤治芳が著した『山繭養法秘伝抄』に詳しい。明治20年（1887年） ～ 30年（1897年）には全盛期に入り、有明村のほぼ半数が天蚕飼育にかかわり、飼育用のクヌギ林は300haにも広がった。この時期には、その飼育技術を山梨県や北関東（栃木、茨城）にも伝えている。この山梨、北関東は、もともと製炭が盛んな地域で、クヌギ、コナラ林が広がり、自然の天蚕繭が採取されていたようで、その繭も穂高有明に出荷され、天蚕糸の生産に使われていたという結びつきがあった。

このような技術伝承は、栃木県那須塩原市の天蚕場という地名にも残されているが、山梨県北杜市の場合は、より具体的にあがりこ型樹形のクヌギとして、現在まで、その姿を留めているよ

**写真4-10　天蚕糸を使った絹織物制作の実演（天蚕センター）**

写真4-11　天蚕センターに隣接する天蚕飼育場と飼育木の剪定(台伐り)

うに思われる。しかし、疑問が残る。私が見た有明の天蚕の飼育林は、台伐り位置が1.5mほどで、ほぼそろっていたのだが、山梨県北杜市に見られるあがりこ型樹形のクヌギは2～2.5mと少々高い。天蚕の飼育木は、毎年秋口に翌年の萌芽による新枝を発生させるために剪定作業を行う。しかし、萌芽力が落ちた飼育木については、切り倒し、新たなクヌギを植える。これまでに述べたあがりこ(型樹形)は、台伐りを繰り返して萌芽力が落ちた場合は、萌芽幹の1本を立て木として残し、それを上部で台伐りし、萌芽力を維持することが一般的である。その結果、数段からなるあがりこ型樹形が形成される。しかし、天蚕の飼育木では、萌芽力が落ちれば処分するので、台伐り位置が数段になることはない。このことから、山梨県北杜市に見られたあがりこ型樹形のクヌギは、天蚕栽培の飼育木が放置されて形成されたものとは考えにくくなってきた。

ちなみに、穂高有明地区の天蚕飼育は、その後、焼山噴火の降灰被害や第二次世界大戦の影響で、産業的に衰退し途絶えたが、昭和48年(1973年)に復活し、天蚕飼育が再開され、今日に至っている。

## 3. 異説：刈敷林としてのあがりこ型樹形のクヌギ林

そんなことを考えている中で、別の解釈が提案された。この説を唱えるのは宇都宮大学の先輩であり、長野県林業総合センターの所長を務めた片倉正行氏である。片倉氏は、二つの資料を示し、広葉樹のあがりこ型樹形が刈敷林利用の結果生まれたのではないかと主張する。一つが、長野県富士見町にかつてあがりこ型樹形のハンノキが存在したという記録である(武藤・須藤、2003)。

これは、刈敷用の枝条を採取するための台伐り萌芽の結果生み出されたものである。刈敷とは、雑草や樹木の小枝や葉を田畑の土壌にすき込んで、肥料(緑肥)とするもので、化学肥料が使われる前まで、広く農作業の中で行われてきた(水本、2003)。このすき込む枝条(粗朶)を生産するために、樹木を台伐りし、そこから発生する若い葉の付いた萌芽枝・幹を繰り返し刈敷として利用する。その結果、あがりこ型樹形が形成されるというものである。主な樹種は、ハンノキ、クヌギ、コナラなどで、特にハンノキは田んぼの畦など湿性な場所でもよく育ち、窒素など肥料分も多いことからよく使われてきた。

刈敷については、長野県の諏訪地方で広く行われており(小林、1977)、隣接する山梨県北杜市周辺で行われていても不思議ではない。特に北杜市明野地区に見られるクヌギのあがりこ型樹形群は、水田の道路脇に列状に並んでいたことからも刈敷利用を彷彿させるものがある。すなわち、傾斜地に設けられた棚田と列状になったあがりこ型樹形のクヌギの配置である(写真4-6)。おそらくは、化学肥料が普及していない時代に緑肥として刈敷が行われていたのであろう。そうした意味で、刈敷林があがりこ型樹形の形成にかかわっている可能性が十分にあると思われた。

そこで、実物を見てみようと、諏訪地方を訪ねた。まず、情報を集めようと富士見町池袋の歴史民俗資料館に行き、館内の資料を見ると天蚕飼育の資料が展示してあり、長野県安曇野市有明地区の天蚕業との関係が確認された(写真4-12)。そして、刈敷林と刈敷の水田への鋤きこみ作業の写真も展示されてあった(写真4-13)。年代は1970年代とあり、その時期まで、この地域では刈敷が行われていることがわかる。館の職員に、刈敷林が残っていないかと聞くが耕地整理の際にすべて取り払われ、全くの残っていないとの回答。この資料館は、縄文中期の井戸尻遺跡(国の史跡に指定)に隣接して建つ。遺跡を見学後、車に戻り立ち去ろうとした時、それに気が付いた。何と整備された遺跡公園の水田の小川の流れの脇に、刈敷木が3本もあった(写真4-14)。

近づいてみると、ハンノキで、明らかに台伐りと萌芽幹がある。サイズは胸高直径が30～40cmで、台伐りは三、四段。第一段の台伐り高は1～1.5m、第二段目はさらに1～1.5m上部、さらに三段目、四段目はそれぞれ1mずつ上がって台伐りが行われていた(写真4-15)。現時点で第一段目での台伐り萌芽は見られないが、二段目以上では台伐りが行われ、多数の萌芽幹が発生していた。ただし、最近は枝条の刈り取りは行われておらず、萌芽幹は伸び放題となっていた。民俗資料館に展示されている写真によれば、刈敷林の台伐り位置は2m前後で、一段のみであったが、史跡公園の刈敷木は三、四段となっており、一番高い台伐り位置は5mほどと高く、刈り取りも手間がかかったと思われる。しかし、これも台伐りを繰り返す中で、台伐り位置が腐朽し、萌芽

写真4-12　天蚕の養蚕が行われていたことを示す天蚕繭(富士見町歴史民俗資料館)

写真4-13　烏帽子地区の刈敷林（左）と刈敷の光景（右）（富士見町歴史民俗資料館）

力が落ちるためと考えられる。ここでも、萌芽幹のいくつかを残し、立て木として仕立て、萌芽力を維持しようとしたのではないだろうか。

この3本は、かつて、化学肥料が十分普及していなかった時代、田畑への肥料供給源として重要な役割を果たした刈敷林の名残をとどめるものであり、大変貴重なものと思われる。この後、片倉氏より提供された資料にある原村中新田地区の刈敷林を見に行ったが、こちらは耕地整理により全くその姿を見ることはできなかった。もう一つインターネット情報ではあるが、諏訪市高部地区諏訪大社の神長官の持ち山に刈敷林が残されているとの情報があり、実際に周辺を歩き回ったがそれらしい林を見つけることはできなかった。

多くの情報は得られなかったが、刈敷林は、確かに台伐り萌芽を行って、枝条を生産し、これを緑肥として農業に利用してきた結果、あがりこ型樹形の形成につながった可能性は高い。刈敷の材料として、ハンノキをはじめ、コナラやクヌギが使われたとの記述が見られ、信州諏訪地方に隣接し、地理的・文化的に関係があるとみられる山梨県北杜市周辺のあがりこ型樹形のクヌギが刈敷の結果生まれたと考えるのもあながち間違いではないのかもしれない(写真4-16)。さらに

写真4-14　井戸尻史跡公園内にある
刈敷林の痕跡(ハンノキ)

写真4-15　ハンノキの刈敷木
四段に渡って台伐りがなされ、多くの萌芽が発生している。

写真4-16　放置された刈敷林とも見ることができる
北杜市日野春のあがりこ型樹形のクヌギ林

詳細な文献調査、聞き取り調査が求められる。

一方、山梨県北杜市の日野春周辺にあるあがりこ型樹形のクヌギ林については、当初、天蚕飼育のための利用も途絶え、燃料革命によって、薪材としての利用も廃れ、放置された結果と考えていたが、矛盾も多く、刈敷林と考えれば、合理的な説明がついた。実際、刈敷林が広く見られた諏訪地方とは隣接し、文化的な結びつきも強い。当然、刈敷が行われていたとしても不思議ではない。北杜市日野春地区のあがりこ型樹形のクヌギは、正しく刈敷利用を強く示唆しているとも言える(写真4-16)。今後、当地域における森林植生と刈敷利用についての民俗学的な調査が行われることを期待したい。

ところで、近年、北杜市のあがりこ型樹形のクヌギ林がオオムラサキの一大生息地となっていることがわかり、その保護が盛んに行われるようになっている。オオムラサキは、鱗翅目タテハチョウ科に属する大型のチョウで、日本列島では北海道から九州まで分布し、台湾北部、中国大陸、ベトナム北部にも分布する。成虫の前翅長は50～55㎜ほどで、雄の翅の表面は青紫色で、黄色と白の斑紋が入り美しい。日本昆虫学会は、1957年にオオムラサキを国蝶と定めている。

この蝶の日本における一大生息地が、この山梨県北杜市周辺である。その背景にはオオムラサキの食性が大きく関係しているものとみられる。すなわち、卵から孵化した後、オオムラサキの幼虫は、エノキ、エゾエノキの新葉を食べて成長し、幼虫として越冬後、再び葉を食べて成長、蛹となる。羽化して成虫(蝶)になるとクヌギ、コナラ、ハルニレ、クワ、ヤナギ類の樹液に集まり、また、クリ、クサギの花から吸蜜する。そして、産卵は、先の餌木となるエノキ、エゾエノキに行う。このようなところから、食性として、幼虫段階ではエノキ類、成虫段階ではクヌギ、コナラなどの樹木がその生息には不可欠である。

したがって、古くから薪炭林施業が行われ、クヌギ、コナラを中心とした落葉広葉樹林が広がるこの地域は格好の生息場となっていったものと思われる。加えて、台伐り萌芽施業は、繰り返し、萌芽幹を伐り落とすことから、樹液が多く浸み出す条件にもあったと考えられる。また、あがりこ型樹形のクヌギが見られる台地上には、湿地や小沢も多数存在し、エノキも数多く生育していた。このような環境条件の下、日本で有数のオオムラサキの生息地が形作られていったものと思われる。しかし、薪炭利用が行われなくなった現在、クヌギをはじめとする落葉広葉樹二次林は利用されることなく放置され、台伐り萌芽更新も行われなくなっており、オオムラサキの生息環境も大きく変わりつつある。そこで、地元の北杜市は、オオムラサキセンターを開設し、オオムラサキの保護と啓発、生息環境の保護・保全に努め、旧薪炭林の整備に取り組んでいる。しかし、残念ながら、今のところあがりこクヌギに関する調査研究、保護・保全へは目が向けられていない。ちなみに、北杜市と同様に天蚕の産地である長野県安曇野市の穂高有明地区もオオムラサキの生息地として知られている。

さらに言えば、前項で紹介した菊炭生産を行っている台場クヌギもオオムラサキをはじめとする昆虫の生息環境として高く評価されており、生物多様性保全の観点からも注目すべきである。

## 解説❷ クヌギの来た道

クヌギは不思議な樹木である。北海道を除く日本列島各地に分布しながら、天然林分が見当たらない。そればかりか自然植生(天然林)の中に構成樹種として存在しないのも気になる。クヌギの分布を考えると、極めて人為的で、地方によっては分布が偏在し、断片化している。また、クヌギが薪炭材などとして有用な樹種であることから、近世以降、積極的に植林された歴史もあり(山内・柳沢、1973)、人工林も多い(写真4-17)。このためクヌギは、日本には自生せず朝鮮半島あるいは中国大陸からの移入種(導入樹種)ではないかとの説は、昔から存在する。代表的な例が、今から1200年前、弘法大師空海が大陸からクヌギを持ち帰り、日本に広げたとの説である。弘法大師の伝説は、クヌギに限ったことではなく、何かを普及する時に必ずと言っていいぐらい持ち出される都合のよい言い伝えであるが、一方、何かが外から持ち込まれたという裏付けになってきたのも事実である。そこで朝鮮半島、中国大陸のクヌギの自生地を見に出かけてみた。

まずは朝鮮半島の韓国忠清南道の太田市郊外、徳裕山国立公園内の二次林。この場所は、朝鮮半島の中心部を南北に走る脊梁山脈の一角をなす。尾根部はアカマツの他、コナラ、モンゴリナラなどのナラ林で、その中に塹壕が掘られているのに驚いた。まさしく、北朝鮮と今なお軍事的に対置している韓国の姿を見る思いがした。そうした稜線直下の平らな石を敷き詰めたようなゴロゴロした斜面に行ってみたがクヌギはなく、近縁のアベマキ林になっていた(写真4-18)。韓国には数度訪れ、山岳地帯も歩いたが、残念ながらクヌギの天然林を見ることはできなかった。

**写真4-17 クヌギの人工林** 戦後に薪炭材生産のために植林されたとみられる(茨城県つくば市)。

**写真4-18 韓国忠清南道の太田市郊外、徳裕山国立公園内のアベマキ林** 不安定な礫地の斜面に成立している。

次に弘法大師がクヌギを持ち帰ったという中国大陸である。安徽省の省都合肥市から黄山に向かう途中の寺の裏山にクヌギ林があるというので、安徽省林業研究所の職員に案内してもらった。寺は小高い山の山頂付近にあり、その周辺は比較的自然度の高い森林が残されている。その寺の建物の裏側の緩斜面にクヌギの林があった。しかし、これはどう見ても植林である。ただし、周辺の二次林ではあるが、自然度の高い森林には、単木的にクヌギの大木が存在し、中国大陸にはクヌギが自生していたことを実感させられた(写真4-19)。

弘法大師は、遣唐使の一員として、遭難しながら福建省にたどり着き、南舟北馬で長安に向かう。帰路は揚子江河口の寧波から日本を目指すが、この際、多くの経典・仏具の他、大量の先進的な技術や道具、有用な産物などを日本に持ち帰る。この中に、クヌギの種子あるいは苗木があったというのである。いずれにせよ、弘法大師が持ち込んだという説は別として、クヌギ移入説は有力である。その科学的裏付けとなるものの一つが遺伝的多様性の低さである。クヌギは日本列島に広く分布するが、その遺伝型(ハプロタイプ)を解析すると、極めて多様性が低いことが明らかにされている(Saito *et al.*, 2017)。これが意味するところは、クヌギの分布が遺伝的な地域分化を伴う天然分布ではなく、人為的に広げられたものと考えられる根拠である。

**写真4-19　中国安徽省の自然度の高い広葉樹二次林の中にクヌギが点在する（合肥市紫蓬山風景区）**

一方で、日本固有のハプロタイプも確認されていることから、天然分布していたともされる。花粉分析や遺跡出土木の解析結果からクヌギの天然分布を検証する試みもされているが、現在のところ、花粉にしろ、材断片にしろ、同定の精度は属レベルにとどまっており、決定的な証拠にはなっていない。それにしても、縄文中期には、建築資材や燃料としてクヌギが用いられていたことは明白で、移入種であったとしても、この時期にはすでにクヌギが日本列島に生育していたことは間違いない。

# 第5章　あがりこ型樹形のケヤキ ——福島県郡山市の事例

私は元々、研究者ではなかった。大学の修士課程を修了後、林野庁に入庁して、北海道の北見営林局(現在は廃止)に勤めたが、1年ちょっとで、本人の意向を無視する形で林業試験場に転勤させられ、熱意もないまま惰性で研究職に留まってきた。大学の同期に、林野庁に勤めた者は私以外に一人いて、それが由田幸雄君である。その彼が日光森林管理署の署長をしていた時、私自身も奥日光でシカの採食圧の調査を行っていたため、偶然に再会でき、調査研究の上で、いろいろな便宜を図ってもらった。彼が福島森林管理署の署長へ転勤し、しばらく連絡が途絶えたが、ある日、郡山市の磐梯熱海温泉にある風致林に指定された国有林(218林班4.5ha)内の樹木に絡みついたつる植物を国有林の元職員が伐ってしまったことに自然保護団体から厳しい意見があり、どのように対処してよいものかという相談があった。

実際に現地を見てほしいとの要請があり、只見町のユビソヤナギの調査の帰りに、現地に入った。現場は、磐梯熱海の温泉街の五百川を挟んだ急峻な斜面で、斜面の上部から落ちて堆積した石に覆われた地表面が不安定な立地だった。そこに成立するケヤキ林は、地表2～3mで大きく枝分かれをした大径木の林だった(写真5-1)。一見して台伐り萌芽更新により形成されたあがりこ型樹形であることがわかった。

実は、私にとって、あがりこ型樹形のケヤキは昔から馴染みがある。私の生家の前山は、コナラ、シデ類、クリなどからなる落葉広葉樹の二次林で、昔から薪炭林として使われてきたが、御多分に漏れず私の小さな頃には、すでに使われなくなっていた。しかし、私の家の新宅（分家のこと）は、タバコ農家で、そのタバコの苗床に使うために大量の落ち葉を集めていた。その落ち

写真5-1　福島県郡山市磐梯熱海温泉のあがりこ型樹形のケヤキ林

葉掻きの場所の一つが、この山であった。落ち葉掻きは、斜面の上部から大きな竹でできた熊手で落ち葉を集めながら斜面の下に落としていくのであるが、子供ながらにその手伝いもした。その山の中に、数本、ケヤキの台伐り萌芽個体があった(写真5-2)。地上1mほどのところで、主幹が伐られ、そこから発生した萌芽幹が林立する異様な形状をしていた。主幹は子供が乗れるほど大きな台状だったので、その上で遊んだ記憶がある。

こうした形状は、台伐り萌芽によって形成されたものだが、どうしてそうした伐り方を行ったのか、今にして思えばケヤキが生えている場所が急傾斜地であったためであろう。急傾斜地であれば伐採するにしても、斜面の上部に立てば、萌芽幹を簡単に切り落とすことができる。これができるのはケヤキが、他の樹種に比べ、高い位置で伐採しても、萌芽してくるという特性である。

さて、福島県磐梯熱海のあがりこ型樹形のケヤキ

**写真5-2　茨城県常陸太田市天下野地区に残されたあがりこ型樹形のケヤキ**　台伐り位置は1m程と低い。

**写真5-3　磐梯熱海のケヤキ林**　あがりこ型樹形のケヤキ(左上)、ケヤキ林の遠景(右上)、あがりこ型樹形のケヤキの個体分布図〈福島森林管理署作成〉(左下)、通常樹形のケヤキ林分(右下)

は、幹も太く、老齢で、しかも個体数が多かった。この点から見ても偶発的に作られたものではなく、森林の取り扱いとして体系立っていると感じた。もともとは、由田君から相談のあった樹木に取り付いたつる植物の取り扱いの是非を確認する予定であったのだが、すでに関心はケヤキの台伐り萌芽に完全に移っていた。そこで、早速、この林分の価値を伝え、後日、この林分の調査をしたい旨、署長である由田君にお願いし、その後数回にわたって調査を行った。ここではあがりこ型樹形のケヤキ林分と、隣接する通常樹形のケヤキ二次林を比較した(写真5-3)。

あがりこ型樹形のケヤキ林分の本数密度で見ると、ケヤキは全体の33%程度であったが、断面積合計では95%と卓越して優占していた。ケヤキ以外には、イタヤカエデ、チドリノキなどが続き、この地方の崖錐地に発達する代表的な森林植生が見られた。一方、通常樹形のケヤキ林分では、ケヤキの本数密度は全体の31.3%、断面積合計の62%だった(表5-1)。

次に樹木の太さを見ても、あがりこ型樹形の林分では胸高直径が最小で7cm、最大で185cmであり、36cm以上はすべてあがりこ型樹形の個体だった。一方通常樹形の二次林では、最小サイズが6.9cmだったが、最大でも55.7cmにとどまった(図5-1)。あがりこ型樹形のケヤキの台伐り位置は二段あり、一段目は地上1～3m、平均して2mの高さにあった。二段目は、それより1～2m高く設定されており、平均すると4m、最大で地上5mの位置にあった(図5-2)。この地域は、脊梁山脈の東側で太平洋側に位置し、積雪深は多くて30～40cm程度と思われる。したがって、冬期に雪上伐採を行ったとしても、伐採位置がこれほど高くなることは考えられない。つまり、ここで台伐り高は、積雪深とは無関係で、台伐りした理由も雪と関係するとは思えない。この地域でケヤキの台伐りが行われた理由として考えられるのが、急傾斜地であることだと判断した。

ケヤキが生える急斜面は、川の渓岸浸食により斜面崩壊が発生しやすく、土砂災害の危険性が高い。実際この場所は、国有林の風致林の指定を受けているだけでなく、土砂崩壊防備保安林にも指定されている。つまり、この場所は、防災上特別な場所で、国も開発を恐れて民間に払い下げを行わず残されたと考えれば、この台伐りも説明がつくかもしれない。通常の森林利用では、用

**表5-1　各ケヤキ調査区の群集構造**

| 樹種名 | あがりこ型樹形林分 | | 普通林分(二次林) | |
|---|---|---|---|---|
| | 本数密度(本/ha) | 胸高断面積合計($m^2$/ha) | 本数密度(本/ha) | 胸高断面積合計($m^2$/ha) |
| ケヤキ | 183.0 | 135.76 | 342.3 | 30.92 |
| イタヤカエデ | 85.4 | 4.34 | 195.6 | 13.45 |
| チドリノキ | 231.8 | 1.98 | 260.8 | 0.95 |
| サワシバ | 12.2 | 0.25 | | |
| アワブキ | 12.2 | 0.17 | | |
| カジカエデ | 12.2 | 0.09 | | |
| アオダモ | 12.2 | 0.07 | | |
| ホオノキ | | | 32.6 | 3.25 |
| アブラチャン | | | 114.1 | 0.60 |
| フサザクラ | | | 97.8 | 0.50 |
| ヤシャブシ | | | 16.3 | 0.17 |
| エゴノキ | | | 16.3 | 0.06 |
| オヒョウ | | | 16.3 | 0.05 |
| 種　数 | 7 | | 9 | |
| 合　計 | 549.0 | 142.67 | 1092.1 | 49.95 |

材生産でも薪炭材生産でも、皆伐が前提となる。しかし、皆伐を行うことで、斜面崩壊を誘発し、土砂災害を引き起こすとすれば、大きな問題である。ましてこの地は、萩姫伝説(南北朝時代、京の都の「萩姫」という姫君が病にかかった時、「今日から北に五百番目の川を上りなさい」と言われ、その川を探して旅をした。そして500番目の川である五百川の磐梯熱海温泉を見つけ、その湯に入るとたちまち病は治ったという話)ゆかりの800年の歴史を持つ温泉場である。かくして、土砂災害防止と木材の利用との両立を図るために、根元を残す台伐り萌芽施業が行われるようになったのではないだろうかというのが私の説である。

ケヤキの萌芽力は、極めて高い(写真5-4)。ケヤキの幹には、数多くの休眠芽が存在し、その一部は活性化し、小枝を出すこともある。また、幹を途中で伐採したり、太枝を落としたりすると、残った伐り口周辺から多数の萌芽枝を出す。加えて、幹の基部で伐採した場合など、伐り口の形成層部分にカルスを形成し、不定芽となって萌芽枝を発生することもある。こうした萌芽は、伐採位置、高さに関係なく、旺盛である。ケヤキの萌芽特性を考えれば、台伐りはある意味、合理的な更新法とも言える。磐梯熱海のケヤキ林では、地上部を利用したいが、防災上皆伐は避けなければならない。そこで、台伐りにより萌芽幹を利用し、かつケヤキの株は残して、林地の保全

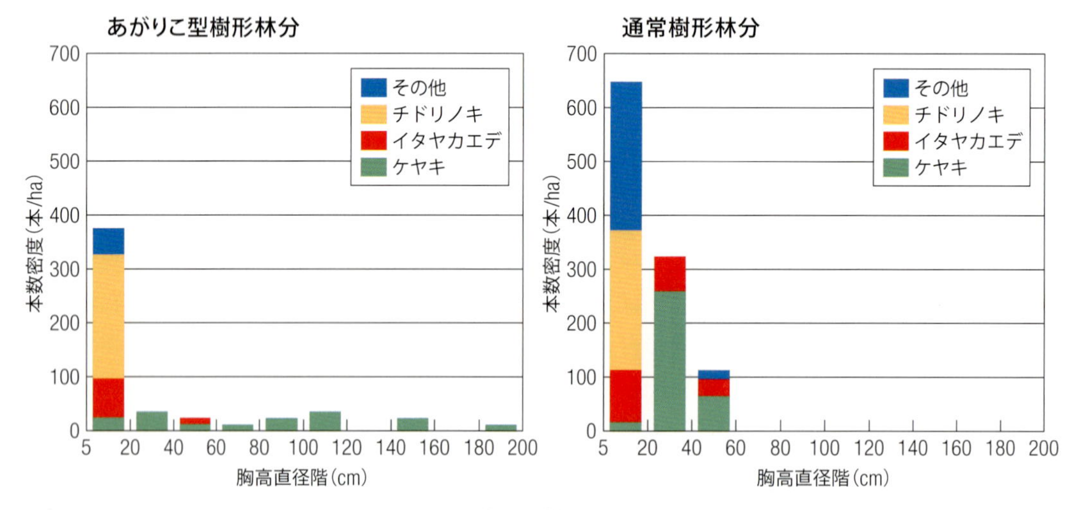


**図5-1　調査区の直径階分布**

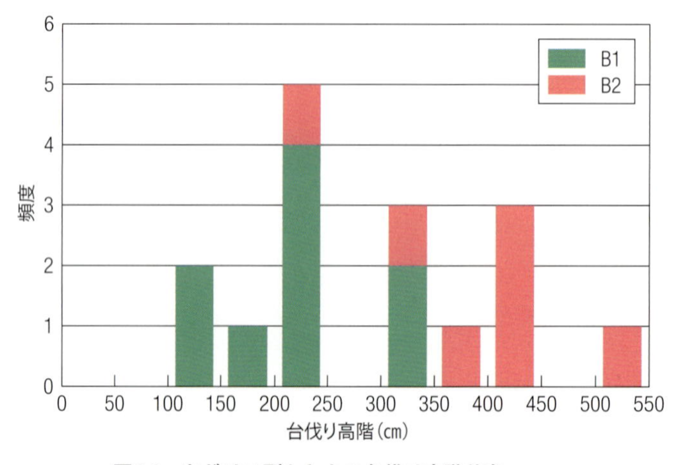


**図5-2　あがりこ型ケヤキの台伐り高階分布**

B1：一段目，B2：二段目

を図ることができたのだ。

萌芽幹のサイズは、台伐り位置によって異なっていた(図5-3)。第一段目の台伐り位置から発生する萌芽幹のサイズ(P1)は、胸高直径5～120cmの範囲であるのに対し、第二段目の台伐り位置から発生する萌芽幹のサイズ(P2)は、5～60cmの範囲と、第一段目から発生する萌芽幹のサイズが大きかった。これは萌芽幹の齢が異なることを示唆した。このあがりこ型樹形のケヤキの樹齢は、森林調査簿では87年となっているが、幹の齢解析から少なく見積もっても80～100年生以上(図5-4)と判断した。

写真5-4　ケヤキは萌芽性が高く、幹に多くの休眠芽を持ち、時として萌芽枝を多く発生させる

現地で興味深かったのは、隣接地にスギ人工林があり、97年生であると確認されていることである。以上のことを考えるとあがりこ型樹形のケヤキがある周辺では90年ほど前にほぼ皆伐状に伐採されたが、造林適地である隣接地ではスギを植林したものの、ガレ場では植栽をせずにそのまま放置された可能性が高い。幸いガレ場にはケヤキを主体とする広葉樹が更新し、国有林の林野制度が確立するなかで、急傾斜地であることなどから保安林機能が重視され、成長後の伐採は皆伐ではなく、台伐りを行ったと考えれば、納得がいく話である。ところが、台伐りの周期を考えるため萌芽幹の齢を調べてみると、悩ましい結果が出てきた。当地で最後に台伐りを行ったのは、少なくとも今から60～90年前である。すなわち、台伐りによる森林の利用は、戦後まもなく終えたことを意味する。一方、古い萌芽幹は、90年ほど前の皆伐後に発生したといえることから、皆伐直後にすぐ台伐りを行ったという矛盾が生じる。

このように考えると、スギの植林につながった90年ほど前の皆伐時に、すべての立木が伐採さ

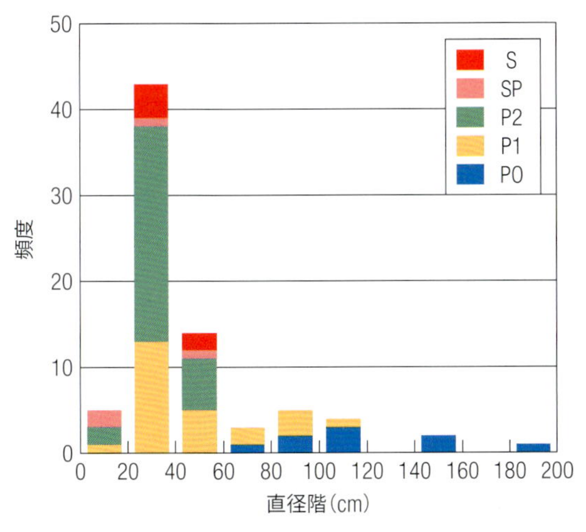


図5-3　あがりこ型樹形のケヤキ林における直径階分布
P0：元株，P1：一段目の萌芽幹，P2：二段目の萌芽幹，
SP：通常の萌芽株，S：単幹

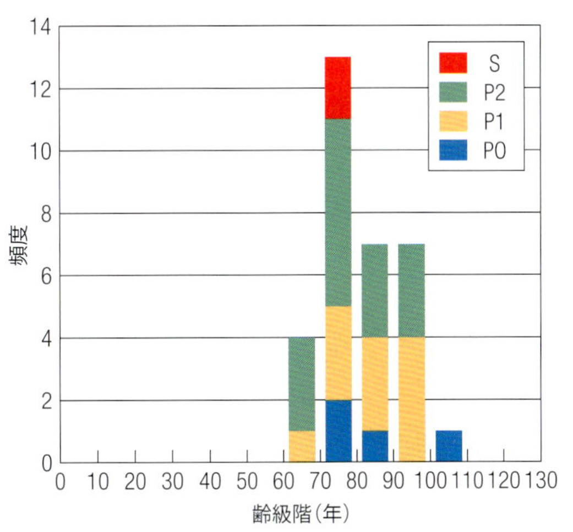


図5-4　あがりこ型ケヤキにおける各萌芽幹の齢構成
P0：元株，P1：一段目の萌芽幹，
P2：二段目の萌芽幹，S：単幹

れたのではなく、有用性の高いケヤキは台伐りされただけで残された可能性が高い。現地の元幹を見ると100年以上の樹齢であることが齢解析の結果から明らかになっている。ただし、これまでブナで見てきたような一段目と二段目の台伐り位置から発生した萌芽幹の齢に明瞭な差が認められなかった(図5-5)。このことから推定できるのは、第一段目と第二段目から発生した萌芽幹は、周期を決めて厳格に台伐りを行ったということではないのかもしれない。幹サイズと幹齢に重なる部分があることを考えると、一段目と二段目を同時に伐採した個体も存在している(図5-4、図5-5)。台伐り位置が二段となったのは、ケヤキの萌芽力が高いことから、それぞれの個体の状況に応じて、伐採作業の効率が最も良い形で施業したのではないかと思われた。現地調査でも樹形の構造は複雑で、元幹、個々の萌芽幹に番号を付け、構造的に表記すること自体が大変であった。幸い福島森林管理署大玉森林事務所の森林官だった縣佐和子さんが調査を手伝ってくれた。彼女に野帳の記入をお願いしていたのだが、数字と記号だけでは理解不能と、樹形のスケッチを始めた。実はこのスケッチが絶妙で、私たちの調査に大いに役立った(図5-6)。

後に福島森林管理署でこの林班(に小班4.5ha)全域を調べたところ、あがりこ型樹形のケヤキは全部で77本存在し、胸高直径は80cm以上あり、100cmを超えるものも40本あったという(福島森林管理署、未発表)。

ところで、今回調査したあがりこ型樹形のケヤキだが、伐採した萌芽幹の利用が問題である。ケヤキは、言うまでもなく有用な木材で、強健なところから主に柱や長押などの構造材として伝統家屋の建築に広く使われている。これらは、あくまでも大径材であり、台伐りによる萌芽幹の特殊な利用は聞かない。これまでに述べたように広葉樹の萌芽幹は薪炭材として利用されることが多い。しかし、ケヤキは、薪として使っても、煤が多いという欠陥があり、あまり好まれない。炭はどうだろうか?これもほとんど情報はなく、富山県七尾市尾長谷地区でケヤキの炭が焼かれているのを知るだけである。木炭としては雑炭として扱われているようだ(岸本、1976)。ただし当地の調査で、ケヤキ二次林に炭焼き用の石窯跡を見つけた(写真5-5)。石を組んだ立派な窯跡であることから白炭を焼いていたと思われる。このことから、あがりこ型樹形のケヤキも炭焼き用

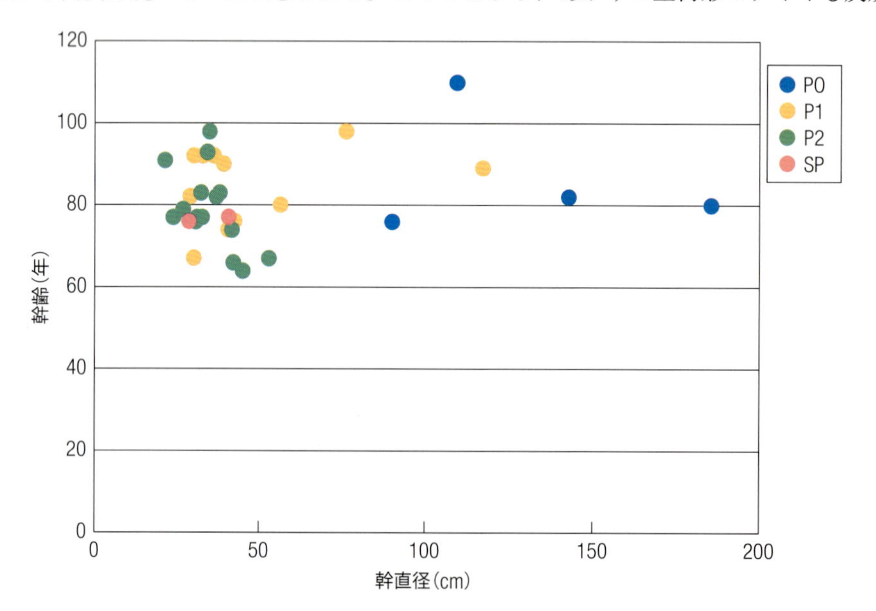


**図5-5　あがりこ型ケヤキにおける各萌芽幹のサイズと齢との関係**
P0：元株，P1：一段目の萌芽幹，P2：二段目の萌芽幹，SP：通常の萌芽幹

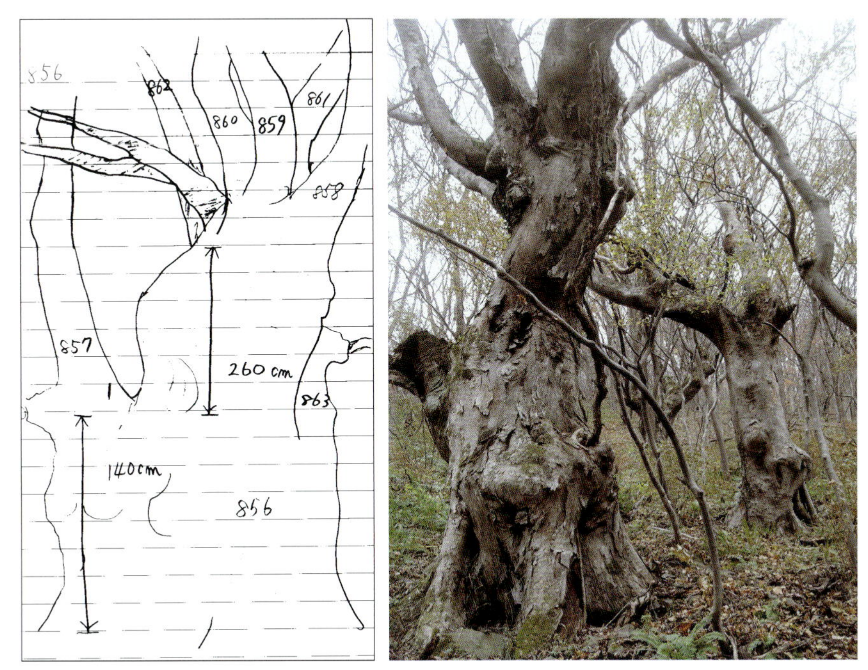


**図5-6　縣佐和子氏が描いたあがりこ型樹形のケヤキのスケッチ**
**（右は実物）**　複雑な樹形をよくとらえ、わかりやすい。

に利用していた可能性は高い。

なお、通常型樹形のケヤキ二次林では、胸高断面積合計の62%を占めて優占していたが、あがりこ型樹形林分と比べると胸高断面積合計は3分の1に過ぎず（表5-1）、最大胸高直径も55.7㎝と細かった。通常型の二次林内には、あがりこ型樹形は見られなかったが、地際から複数の幹が出ている萌芽株が全体の半数で確認できた。主幹の齢を調べてみると、ケヤキ、ホオノキが70～80年ほどであったことから、この林分も、あがりこ型樹形のケヤキ林同様、ほぼ同じ時期に伐採され、再生した二次林と見られ、その利用は炭焼きではなかったかと推察された。

両林分の違いは、ケヤキのサイズの違いに顕著に表れている。もちろん、あがりこ型樹形のケヤキは、90年ほど前の伐採時に台伐りはされたものの、伐り残された可能性は高く、元株の樹齢は異なる可能性があり、その分、サイズが大きいのは当然の結果かもしれない。それを割り引いても両者の直径差は大きいので、あがりこ型樹形特有の成長特性が考えられた。実際、あがりこ型樹形のケヤキは、ブナのあがりこ同様に異様な形をしており、その可能性が示唆された。そこで、齢解析のために採取したコアの年輪幅から成長解析を試みた。

**写真5-5　ケヤキ二次林の中にある炭焼き窯（石窯）の跡**

通常樹形のケヤキ、ホオノキは、皆伐後に更新、生育したもので、期間成長量は、生育期間を通じ高い値を示すが、最近の30年は成長が落ちてきている（図5-7）。これは、林分が発達し、林冠が閉鎖し、種間および種内競争が激化したためと考えられる。一方、あがりこ型樹形のケヤキの元幹では、80年前の台伐り時期に肥大成長が大きくなる傾向が見られ、また、30年ほど前にも肥大成長の増加傾向が認められた。台伐り萌芽幹の肥大成長は、台伐り位置に関係なく、萌芽発生直後は旺盛な成長を示すが、その後は次第に落ち始める。しかし、こちらも元株同様30年前から増加する傾向が見られた(図5-8)。しかし、その背景については、明

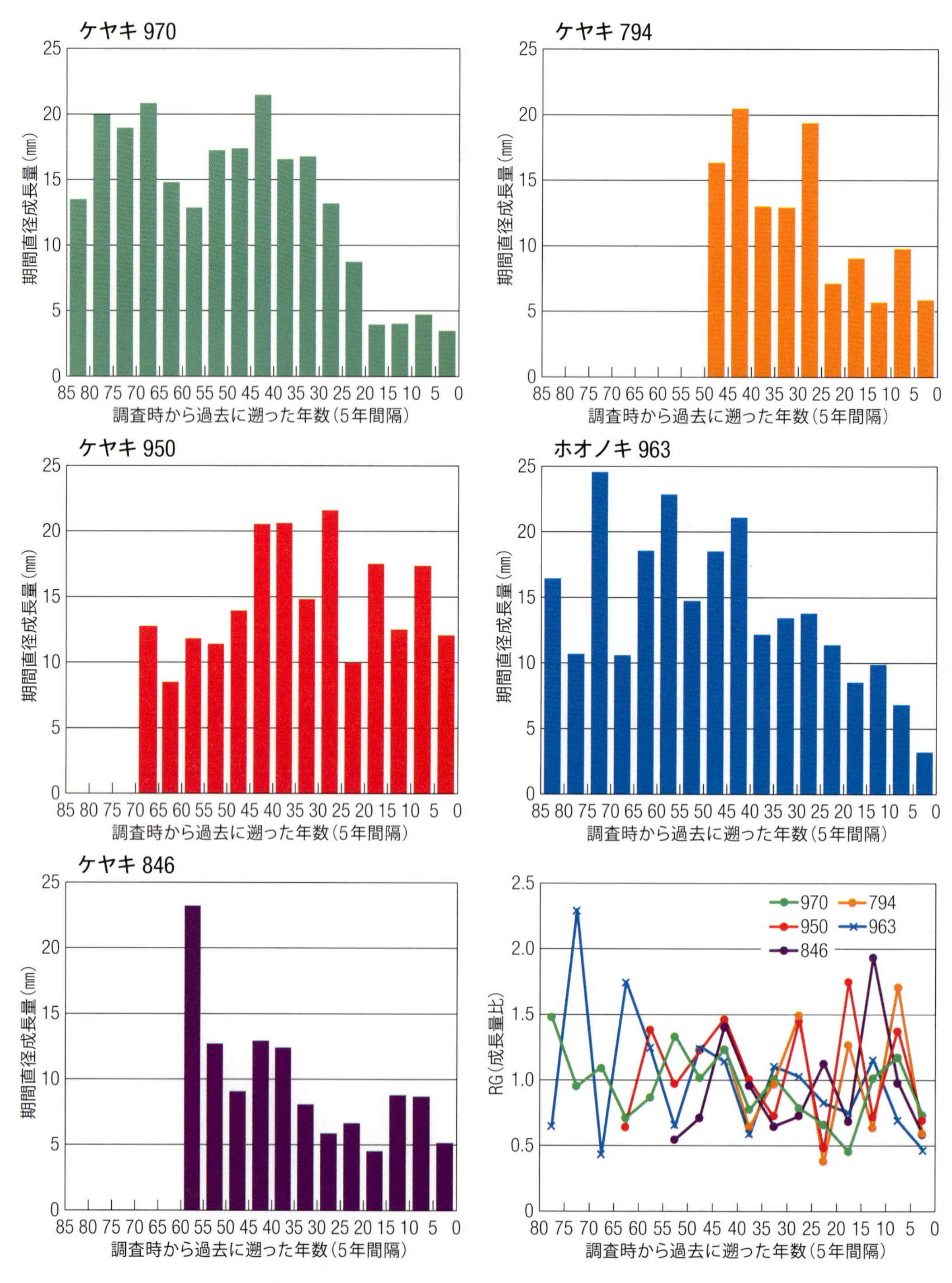


**図5-7　通常型樹形のケヤキとホオノキの期間直径成長とRG（成長量比）**

樹種名の横の番号は個体識別番号を示す。

らかではない。あがりこ型樹形のケヤキの元幹の肥大成長には波が見られ、台伐りによる肥大成長の減退と萌芽幹の成長による大幅な増加が現れているようにも見られた。台伐り萌芽はケヤキの巨木化に結び付いていると思われるが、その背景として萌芽幹の成長を物理的に支える元幹の異常成長が考えられた。その結果が、あがりこ型樹形のケヤキの特異な樹形として現れるのでは

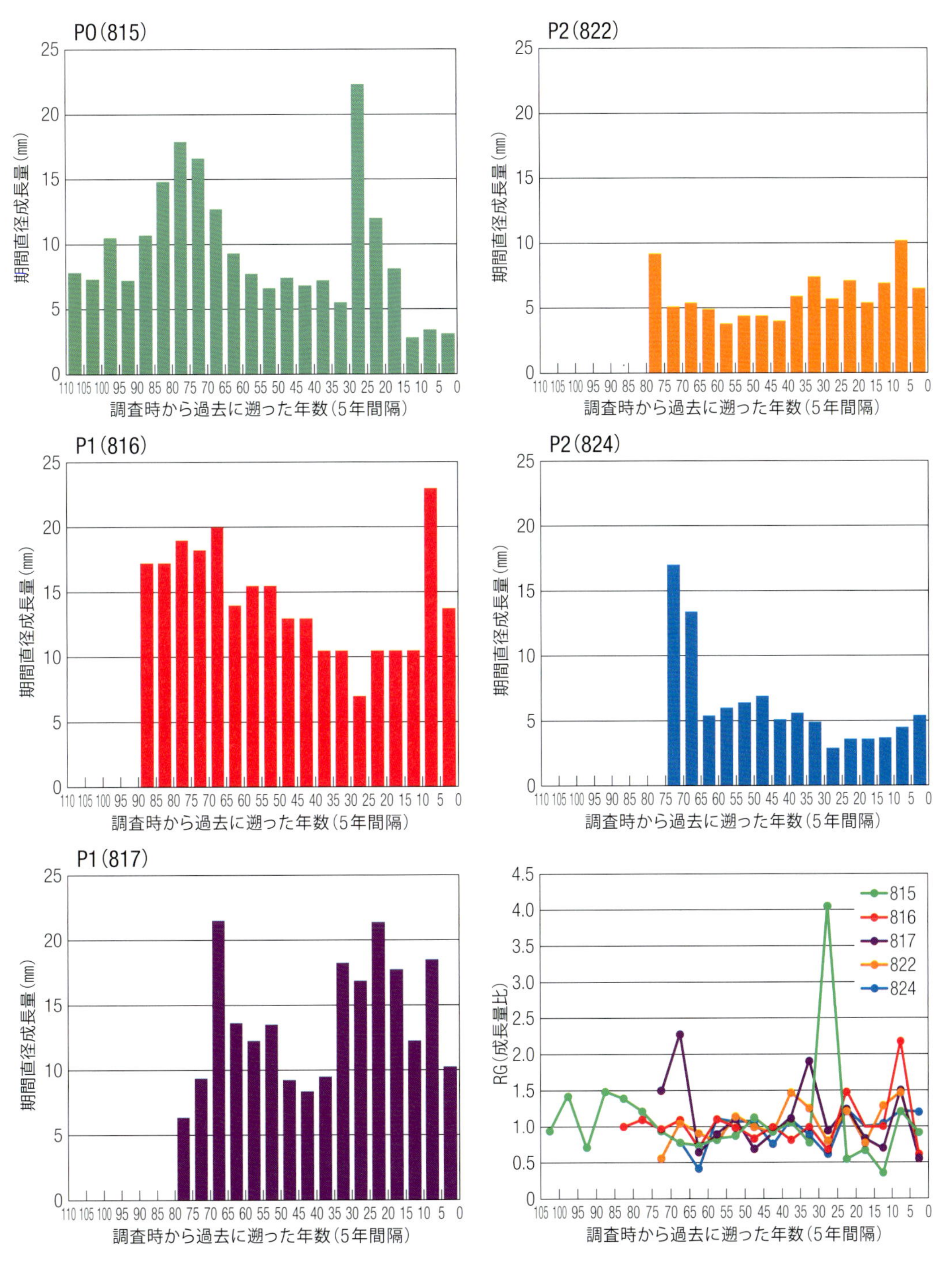


**図5-8 あがりこ型樹形のケヤキ個体の発生部位ごとの幹の期間直径成長とRG(成長量比)**

P0:元幹,P1:一段,P2:二段　( )内は幹の識別番号を示す。

ないだろうか。

ちなみに郡山市は、現在この磐梯熱海温泉の五百川を挟んだ対岸のケヤキ林を「ケヤキの森」とし、歩道を整備するなどして、磐梯熱海温泉の観光資源の一つとして活用している。あがりこ型樹形のケヤキは、この場所だけではなく、台伐り萌芽を行っている様々な林分周辺でも見られる（写真5-6）が、その大半が他の樹種を台伐りするついでに行った結果であり、まとまってケヤキの台伐りが行われた林は、磐梯熱海が唯一かもしれない。

**写真5-6　あがりこ型樹形のケヤキは、磐梯熱海だけに限ったものではない！（山梨県小烏山）**

# 第6章　様々な広葉樹のあがりこ型樹形

## 1. 目的のよくわからないあがりこ型樹形のトチノキ

トチノキは、冷温帯の谷底氾濫原や湿性の谷壁斜面下部の肥沃な堆積地に生育する落葉高木で、北海道から九州にかけて広く分布する。大きく成長する樹木の一つで、胸高直径が1m、樹高30mを超える個体も少なくない。このトチノキのあがりこ型樹形を見かけることがあるが、これらの多くは単木で、たまたま台伐りされ、萌芽した枝が多幹化したものである。ところが、大住克博君から富山市の有峰地区には、あがりこ型樹形のトチノキ集団があるから一度見ておいた方がよいのではないかと言われたことがある。しかし、その後、富山方面に行く機会がなく、気に掛けながら時間だけが過ぎてしまった。

本書を仕上げるのにあたって、ぜひ見ておきたいと、旧知の杉田久志さん(元森林総研)、長谷川幹夫氏(富山県森林研究所)にお願いし、案内いただいた。富山市有峰地区(標高およそ1,200m)は、常願寺川水系和田川の上流部に位置し、戦前に始まる電源開発により戦後、ダムに水没した。そのダム湖に流れ込む小渓流のノン谷源流部にトチノキのあがりこ型樹形群は存在する。このあがりこ群を発見したのは、長谷川氏で、後に詳細な調査を行っている(長谷川ほか、2015)。

これも日本における数少ないあがりこ型樹形論文の一つである。論文によれば、林分内には胸高直径20cm以上の立木が138本/haあり、その内77本(55.8%)があがりこ型樹形の立木であり、うちトチノキが66本/ha (85.7%)を占めていたという。あがりこ樹形は、トチノキ以外にミズナラ、ブナ、アカイタヤでも見られた。また、あがりこ型樹形の個体と通常個体を比較すると、あがりこ型個体の胸高直径が統計的に有意に大きかったことも報告されている。

実際に現地に入ってみると谷底の堆積面にトチノキを主体とする山地渓畔林が成立し、そのトチノキの多くは、あがりこ型樹形であった(写真6-1)。

写真6-1　あがりこ型樹形のトチノキ林(富山県富山市有峰地区)

サイズは、大きなもので胸高直径が80 ~ 100cm、ほぼ地上3mの位置で第一段目の台伐りがされ、さらにその上1.5mないし2mの位置で第二段の台伐りが行われ、あがりこ型樹形を形成している(写真6-2)。調査(長谷川ら、2015)によれば、台伐りは最大三段まで見られ、最大で地上6mに達するが、平均すれば台伐りは二段で、第一段の台伐り高は3.5m、第二段は4.5mであった。当地域の積雪深は3～4mとされ、台伐りが冬季(春先)、雪上伐採で行われたことを窺わせる。また、台伐り位置が二段、三段と上昇しているのは、ブナなどこれまでに紹介した事例と同様に、同じ場所で何度も伐採、利用することで、萌芽力が落ちるため、これを維持するため上昇したものと考えられる。ただ、一つ疑問が残るのは、トチノキの台伐り萌芽幹の利用目的である。

トチノキは大径木に成長するため、大きな一枚板が採取できる。時には独特の杢が現れる場合があり、テーブルや戸板などとしても利用される。また、加工のしやすさなどから様々な木製品の材料にもなっている。しかし、これはあくまでも大径材での利用である。台伐りによって得られるのは小径木であり、これには該当しない。一般に冬期の雪上伐採や台伐り萌芽は、燃料用の小径木生産を目的とするものであるが、トチノキの場合、材部に多くの水分が含まれていることから、乾燥しづらく、腐りやすいため、薪や炭などには不向きと考えられてきた。このことからすれば、トチノキを使わなければならないほど薪炭材に困っていたことになる。しかし、森林に囲まれた有峰地区で、なかなか考えづらいことである。実際にこの林分には、トチノキの他、ミズナラ、ブナなどにもあがりこ型樹形が見られるので、薪材生産であったことも否定できない。ただしトチノキの小径木を使う利用用途として、特殊な用途があるとも言う。画材用の炭、すなわち画用木炭である。画用木炭の中でトチノキは、堅さ、色の濃さとも中庸で、「ねばりのある濃い炭」とのこと。ただし、製造に要する材は、小径木、小枝なので、萌芽枝・幹では太すぎる可能性が高い。こうなると、もう少し奇抜な発想で考える必要がある。

そのアイデアの元になったのが琵琶湖周辺で起きたトチノキの話題である。琵琶湖に流入する河川周辺にはトチノキの大木が多数存在する。このトチノキは、木材業者が単木買いを全県的に行って、この地域から失われようとしていた(写真6-3)。そのため市民や研究者が反対運動に立ち

**写真6-2　あがりこ型樹形のトチノキ**
地上2mほどで台伐りされ、萌芽幹が繰り返し伐採されている(富山県富山市有峰地区)。

**写真6-3　木材業者により単木買いされ、伐採されたトチノキの巨木(滋賀県高島市)**

写真6-4　滋賀県高島市のトチノキ林(左上・右)と炭焼き窯跡(左下)

上がり、最終的には県が保護の方針を打ち出し、危機を脱した(びわこ水源の森・巨木トラスト基金 https://sites.google.com/site/biwakokyobokunomori/highlight)。こうして残されたトチノキを見てみると、過去に台伐りが行われた痕跡が見られる。地上2～3mの位置で主幹が伐採され、複数の側枝が立ち上がって成長している(写真6-4)。その結果、樹高に比して幹の直径が太い。同じトチノキの巨木であっても、単幹の個体はこれと大きく異なる。写真6-5は、福島県只見町にある浅草岳から田子倉ダムに流れ込む只見沢のトチノキ林である。トチノキ林は只見沢の河岸段丘で、斜面上部から移動し堆積した厚い土壌と土壌水分環境に恵まれた立地に成立しており、トチノキを中心に、イタヤカエデやキハダ、ブナも混じる。トチノキの胸高直径は1m以上、2mを超える個体も存在する。こうした林では枝下高も高く、樹高も30mを超える巨木である。このように琵琶湖周辺と只見地域のトチノキの巨木は全く異なる樹形を示している。すなわち、琵琶湖周辺のトチノキの巨木は台伐り萌芽の結果とみられた。

写真6-5　只見沢の河岸段丘上に生育するトチノキの大径木(福島県只見町)

トチノキの萌芽幹が用材に不向きで、特殊な利用目的も聞かず、薪にも不向きだとすれば、何を目的にトチノキの台伐りを行ったのだろうか？ここからは私の想像だが、有用材であるが小径木としては利用価値のないトチノキを台伐りすることで根元だけを早く太らせるためだったのではないか。台伐りの肥大効果は、他の樹種でも見られるし、いわば台伐りによる異常成長は、木部に杢と呼ばれる独特の文様を生み、これが材の価値を高めるという副次的効果を狙ったのかもしれない。実際、杢があるトチノキは、天然林よりも、人工林や二次林に多く見られ、自然に形成されたものとは思えない。有峰のあがりこ型樹形についても、台伐りすることで肥大成長が狙え、かつ杢の形成すら可能かもしれない。かつて有峰地区には木地師が住み着き、周辺の木材を伐り出し、生地を生産していたと言われている。こうしたことから、あながち的外れと言えなくもないが、さすがに強引な展開であるようにも思う。民俗学的な側面も含め今後の研究を待ちたい。

## 2. 養蚕とあがりこ型樹形のクワ（栃木県旧栗山村）

坂東太郎の異名を持ち、関東平野を流れ下り田畑を潤す大河、利根川の一大支流鬼怒川は、鬼怒沼を源流とし、栃木県を縦断する。この利根川水系が山間部から平野に出る直前の山間地は、実は日本の一大養蚕地帯でもあった。特に明治維新以降、急速な近代化を進める明治新政府は、殖産興業の名の下、外貨獲得を目指す輸出産業として絹織物の生産に力を入れた。2015年に世界遺産として登録された富岡製糸工場および周辺の養蚕施設は、この時代に整備されたものである。その他に長野、栃木、茨城でも絹織物産業が発展した。戦後、安い絹糸や絹織物が流入し、そして化学繊維が普及していく中で、こうした産業は衰退して行き、養蚕も急激に廃れた。関東平野のすそ野に広がる桑畑も急速に消えていった。

30代の頃、私は栃木県奥鬼怒地域で、ブナの天然更新施業跡地の更新実態を調べていた。その行き帰りに栗山村の日向、黒部地区を車で通ったが、その道すがら目にした光景の中に、奇妙な黒々とした木々の姿を見た。最初、それが何かを知ることはなかった。幹が地上3～4m付近で台伐りされ、こぶ状になった幹から多くの細枝が伸びている。季節は晩秋なのか、早春なのか覚えてはいないが、葉はなく、寒々しい光景だった記憶がある。そして、何度か行き来しているうちに、この木がクワの木で、養蚕に使われていたのではないかと考えるに至った。

養蚕は、紀元前200年頃の弥生時代に中国大陸から稲作と同時にもたらされたと言われている。195年には朝鮮半島百済から蚕種が、283年には秦氏が養蚕と絹織物の技術を伝えるなど、暫時、養蚕技術の導入が行われた。奈良時代には全国的（東北地方や北海道など、大和朝廷の支配領域外の地域を除く）に養蚕が行われるようになっており、『古事記』や『日本書記』にも記述が見られる。しかし、その当時国内で生産された絹は、国内需要を満たすには至らず、品質も劣っていたことから、江戸時代まで中国大陸からの輸入に頼っていた。代価として、金銀銅の流出を懸念した江戸幕府は、養蚕を奨励し、幕末までに画期的な技術開発を行い、良質で優れた絹糸を生産する技術を確立させた。この結果、養蚕業、製糸業は明治維新による近代化を牽引する重要な国内産業として発展した。

養蚕に使われる蚕は、中国で家畜化され、品種改良をされた鱗翅目カイコガ科の一種で、4章2項で紹介した天蚕に対し家蚕とも呼ばれる。品種改良の過程で、成虫（蛾）は飛翔能力を失い、幼虫段階でも体色が白く、腹脚の力が弱いため、天蚕のように野外で育てようとしても天敵に襲われるか、地上に落下してしまうため、人工飼育下でしか生存できない。

この蚕の飼育に欠かせないのがクワの葉である。日本で使われてきたのはヤマグワで、養蚕に適したヤマグワが地域ごとに選抜され、地域品種として定着している。代表的な品種に1898年（明治31年）山梨県旧上野村で選抜された「一ノ瀬」という品種がある。一ノ瀬は葉の質、収穫量とも優れ病虫害にも強いところから、全国的に普及し、日本における養蚕業に貢献した。養蚕用のクワは、挿し木苗を用い、仕立て法としては、残す元株の高さにより根刈り（50cm以下）、中刈り（50～100cm）、高刈り（100cm以上）に分けられるが、根刈り法が最も一般的で、高刈りは北日本で用いられる。つまり養蚕用のクワ葉採取は、根元付近の低い位置で刈り取ることが多い。実際、関東地方で私が目にしていた桑畑も根元近くで刈り取られたものであった（写真6-6）。このため、同じ関東である栃木県栗山村で見た台伐り萌芽がクワだとは、すぐに思いつかなかったのである。

あがりこ型樹形に興味を持ち始めて以降、森林総研退職後の職場が福島県只見町にあったこともあり、自宅との行き来にこの栗山村（市町村合併により日光市に編入）を通過し、改めてこのクワを観察してみた。旧栗山村でも現在は、養蚕が廃れ、クワの葉は利用されていないため、以前とは樹形も大きく異なってはいるが、クワ葉の採取法には二つのタイプが見られた。一つは、台伐り萌芽による枝とそれに着いた葉の採取利用である。台伐り位置は2～3mで、そこから多くの小枝が出ている（写真6-7）。まさにpollardingタイプ（台伐り型）である。このタイプは毎年、そこから出た萌芽枝を葉ごと採取し、それを蚕に与えていたものと思われる。もう一つは、主幹を3～4mの位置で台伐りし、途中の太枝を根元付近で切り落とし、そこからの萌芽枝を落とし、着

**写真6-6　根刈り仕立ての桑畑**　萌芽枝を剪定した後の桑畑（上）と株から萌芽した枝葉（下）。

**写真6-7　あがりこ型樹形のクワ（栃木県日光市上三依地区）**

いている葉を利用するshreddingタイプ(枝切り型)である(写真6-8)。いずれのタイプもクワの葉が着いた萌芽枝を繰り返し伐採し、その葉を養蚕に利用することから生まれたものである。しかし、両タイプともよく言われる通常の養蚕目的のクワの仕立て方とは異なり、伐採位置がかなり高い。

どうして通常の養蚕用クワの栽培法(仕立て方)をせず、高い位置での台伐りあるいは枝切り方式をとっていたのかについては、当該地域の民俗学的な調査が必要だろう。そこまでは踏み込めないので、まずはクワという樹木の萌芽特性の観点から考察してみよう。クワの仕立て法では、北日本では刈り取り位置が1m以上の高刈りが行われている。これは北日本地域の場合、一定程度の積雪があり、萌芽枝が雪により枝折れや枝抜けなどの雪害を受ける可能性が高く、これを回避する手段とも考えられる。しかし、旧栗山村は太平洋側の気候帯に属し、積雪はせいぜい50cm程度でしかない。したがって、台伐り高を3〜4mまで上げる必要はない。唯一考えられるのは、作業効率と萌芽力の維持ないし萌芽枝葉の生産性である。クワの葉の採取効率から考えて、通常の低い位置での枝葉の刈り取りと、台伐りであれ枝切りであれ、高い位置での枝落としでは、どちらの作業効率がよいのか判断できない。実際に作業を行った経験のある人から聞くしかないので現状で結論は出せない。

一方でクワの萌芽特性を考えるとどうなるだろうか。クワは、萌芽力が非常に高い。挿し木でも簡単に苗木を育成することが可能で、多くのクワの栽培品種は、挿し木苗で増やされ、広範囲に普及してきた。根元から伐採しても、台伐りしても、枝を落としても、その場から多くの萌芽幹枝が発生し樹体を修復再生させることができる。しかし、いくら再生能力が高いとはいえ、根茎部や少ない地上部だけの貯蔵養分で、萌芽力を維持することには限界があり、施肥などの管理が必要になってくる。また、クワが挿し木苗であることから、別の問題もある。挿し木苗は種子から育てた実生苗に比べて、株の劣化や腐朽が進みやすいと考えられている。台伐り萌芽によるあがりこでも、繰り返して利用すると萌芽力が落ちることは紹介したが、萌芽力が強いクワでも何度も伐採を繰り返すと、幹の劣化や株の腐朽が進み萌芽力が落ちてくる。こうした場合、これ

**写真6-8　枝切り(shredding)をしたクワ(栃木県旧栗山村日向地区)**

を回避する手段として高い位置での台伐りや枝落とし(剪定)を行うことで、これらを回避することができるかもしれない。すなわち、樹高を上げることで、幹の貯蔵養分が多くなる。また、萌芽発生位置も広くなることで、萌芽力を維持し、樹体の衰退、腐朽を防ぐことができるかもしれない。幹の長さが長いことで、多くの萌芽枝の発生が可能となり、一時期にすべてを刈り取るのではなく、一部の枝の刈り取りを止め、その部分の同化物質を樹体維持に回すことも可能となる。あるいは、飼料としてのクワの葉の生産期間、回数を増やすことにつながるかもしれない。

現段階では想像の域を出ないけれど、クワという樹種に注目して考えると、以上のようなことが考えられる。こうした謎の解明には、当時の知見を知ることが必要であるが、養蚕業の衰退に伴い、クワの利用も廃れ、現在は放置されたままになっている。世代交代が進む中で、クワのあがりこ型樹形の意味を知る人も、関心を持つ人も少なくなっていると思われる。確かに現地でもあがりこ型樹形のクワも邪魔だとばかりに伐採され、数も少なくなっているような気がしてならない。地域の産業の歴史を後世に伝えるためにも、その保存が求められる。栃木県日光市から福島県南会津町を貫く国道121号(会津西街道)の宿場の一つ上三依周辺には今でも台伐り萌芽のクワの木が多数残されている。機会があれば、ぜひ車を停め見てほしい。

## 3. ヤチダモのあがりこ型樹形 —稲架木としての利用

あがりこ型樹形は多くの場合、萌芽幹の利用を目的として生まれたが、枝葉を利用するものとして、刈敷木やクワの事例を紹介した。そうした意味からすると、あがりこ型樹形のヤチダモは、伐採した材を利用する目的とは若干異なるが、景観的には同様の形状であることからここで紹介したい。

新潟から秋田にかけて日本海側の平野部の米どころで、田んぼの畦に一列に並ぶヤチダモの並木が見られる(写真6-9)。このヤチダモは、秋の稲の収穫期に横木を取り付け、稲束を掛けて天日干しに使われる。今は、多くがコンバインにより直接籾を収穫し、人工的に機械乾燥を行うため、こうした“はぜ掛け”、“おだがけ”と呼ばれる天日干しの風景は次第に見られなくなっている。しかし、かつてこうした光景は日本各地の田舎に見られる秋の風物詩であった。その支柱として植栽されたのがヤチダモである(地方によってはハンノキ、滋賀県ではクヌギを植栽)。

ヤチダモは、高木性の落葉広葉樹で、ヤチ(谷地)の名のとおり、水が停滞する嫌気的な湿地、谷

**写真6-9　稲架木として植えられたヤチダモの並木はあがりこ型樹形となっている**(新潟市満願寺地区)〈山田弘二氏提供〉

地に自生し、胸高直径は1m以上、樹高は30mを超える大木に成長するモクセイ科の樹木である。また、幹が通直で、粘りがあることから、様々な家具材、用材としても利用されてきた。このヤチダモがはぜ掛けの支柱として利用されてきた背景には、水田の様な過湿で嫌気的な土壌に耐えて成長し、また、幹が通直であることが挙げられよう。また、将来的な用材生産も兼ねていた可能性がある。

はぜ掛け用のヤチダモ（タモ）は、通常、地上4～5mのところで台伐りされる。よく台伐りによって出た萌芽枝(幹)の股に、横木(通常はスギの垂木＝小径木)を架けて縛り付けると言う人がいるが、実際の現場では、そのような光景は見られず、横木は台伐り位置より下に取り付けられる。枝が出るよりも低いところしか使っていないので、萌芽枝の股を作る必然性としての台伐りは不要である。では、一体どのような理由から、このような台伐りが行われてきたのだろうか？最も合理的な解釈は、水田に植えられた稲への影響であろう。畦に植えられたヤチダモが大きく育ち樹冠を広げた場合、水田に植えられた稲は光を遮られ、良く成長することができない。そこで、稲架木を台伐りし、樹冠の広がりを抑制したものと思われる。したがって、台伐り後に発生した萌芽幹枝の股に横木を掛けて利用することはない。ただし台伐り後にそのまま放置すると、再び樹冠は大きく広がるので、繰り返し伐採する必要があり、結果として、ヤチダモによるあがりこ型樹形の稲架木が形成される。

北陸道周辺に見られる稲架木は、植栽密度が異常に高いことが特徴的である。これは、切り落とした枝条葉を燃料や刈敷に利用する目的としたためと考えられる(大住、私信)。

私の暮らした福島県只見町でも、昔から稲架木としてヤチダモが使われてきたようだ。しかし、現在、その姿を見ることは稀である。私が見つけた比較的原形をとどめるヤチダモの稲架木は、1969年の大水害で集団移転を余儀なくされた廃村（旧真奈川集落）の水田跡にあった（写真6-10）。もちろん、現在は稲架木としては使われておらず、打ち捨てられている状態である。ただ、聞き取り調査によると、今から100年ほど前に植栽され、1969年の水害で離村するまでは実際に使われていたとのこと。現在も8本ほど残されており、植栽間隔は4～5m、太さは胸高直径で35㎝ほど、地上4mの位置で台伐りされており放置されてきた影響で現在の樹高は15mほどとなっている。実際にはぜ掛けに利用されているときは、地上5mほどのところで、繰り返し伐採されているため、樹高がこれほど伸びることはなかったと思われる。台伐り位置を見ても萌芽幹を繰り返し伐採したことから、その位置が上に移動してきた痕跡も見られる。これはブナなどのあがりこ

**写真6-10　稲架木として使われたヤチダモの並木(福島県只見町真奈川)**

型樹形木が利用されなくなって辿った経過と同じである。

現在も稲架木として利用されている新潟県の弥彦山周辺のヤチダモについて見ると、萌芽幹は短く伐り詰められており樹高もそれほど高くない(写真6-9)。また、台伐り跡の肥大成長も顕著ではなく、典型的なあがりこ型樹形とはなっていない。そうした意味で、只見の稲架木(ヤチダモ)は典型的なあがりこ型樹形を示している。

最近、米の天日干し乾燥が見直され、以前よりもはぜ掛けを見かけるようになってきた。しかし、その多くは、スギの小丸太ではぜ足を組み、その上にはぜ棒をかけ稲束を掛ける方法で、生きた樹木を稲架木として使う場合はほとんど見られない。はぜ掛けは見直されているものの稲架木を使うところまでは意識されず、稲架木は農村景観の文化的な遺産として残されるのみである。

## 4. その他の広葉樹に見られるあがりこ型樹形

台伐り萌芽によって形成されたあがりこ型樹形は、これまでに紹介した以外でも様々な広葉樹で見ることができる。しかし、その多くは偶発的に形成されたもので、木材生産を意図して台伐り萌芽更新として行われた結果、生み出されたものではない。その中で、幾分、組織だって行われたのではないかと思われるものに、ミズナラとクリがある。

ミズナラは、第3章の最初に紹介したにかほ市で見られたように、只見地域のコナラと同様、薪材生産を目的とする雪上伐採の結果生まれたものである。これ以外で私が、直接あがりこ型樹形のミズナラを見たのは、30年以上も前のことである。ところは、鳥取県の大山山麓、大山神社の裏山で、こちらも日本海側の多雪地帯に位置する(写真6-11)。ミズナラは、コナラとその生態学的な特性が類似しているので、その利用方法、目的もほぼ同じであると思われる。この林分は遠くから観察し、写真を撮るにとどめているので、詳しい実態は把握できていない。機会があれば再度訪れてみたいと考えている。ただし、只見のあがりこ型樹形のコナラ林を調査した際、この林分に少数ながらミズナラのあがりこ型樹形木が見られた。このミズナラに関して言うと、コナラほど明瞭な萌芽性が見られず、典型的な台伐り萌芽個体の樹形を示していなかった。コナラとミズナラには、近縁でありながら、種子繁殖や萌芽特性に違いがあることが報告されており、台伐りに対する反応においても違いが存在する可能性があると思われる。にかほ市の獅子ヶ鼻湿原周辺をはじめ只見周辺でも少なからずミズナラのあがりこ型樹形が存在していることから詳しい調査が待たれる。

同じブナ科のクリにも台伐り萌芽仕立てが見られる。これはヨーロッパにおけるクリの栽培でよくとられる方法であるが、果樹園(クリ園)は別として、野生クリの場合、日本ではあまり一般的ではない。私が唯一見たのは、福島県只見町の事例である(写真6-12)。このクリ林は、元々はブナ林を伐採し、薪炭利用した後に成立したミズナラ、コナラ、クリ、ホオノキなどからなる落葉広葉樹二次林であったが、クリの採

**写真6-11　鳥取県大山山麓に見られるあがりこ型樹形のミズナラ林**

取収穫を目的として、クリ以外の樹木を伐採し、クリ林を育てていた。しかも、クリの堅果利用を目的としていたと思われ、収穫を考えてか、地上3～4m付近で台伐りを行った気配があり、側枝が伸びていた。こうした栽培方法は、ヨーロッパのクリ栽培ではよく行われているようで、コルシカ島では、クリの巨大なpollardが見られるようだ。ただし、残念ながら私自身は見たことがない。一方、日本における栽培クリの代表格である丹波クリ（兵庫県能勢町で品種改良されたオオグリ、丹波篠山地域で盛んに栽培される）の栽培法は、他の果樹栽培と同じように、台伐りをし、枝を横に広く伸ばし、その上に出る側枝の上でクリを栽培する。

只見のクリは、天然のヤマグリ（シバグリ）のため、実（み）は小粒である。今ほど多くの食品が出回る前は、地域の重要な食糧の一つとして盛んに採取され、利用されてきたが、近年、品種改良されたクリが栽培されるようになり、利用されなくなった。現在では林の中に埋もれつつあり、他の樹木に被圧され、衰退が著しい。クリのあがりこ型樹形の林も失われつつある。

落葉広葉樹の中で萌芽性の高い樹種の代表の一つにヤナギ類がある。ヤナギ類は、休耕田や畑地などに入り込み、成長も早い上に、萌芽力が高い。反面、利用価値が低く、嫌われる一方である。しかし、ヨーロッパでは編み組み細工の材料として使われ、また乾燥地帯で木材資源の乏しい中央アジアでは、広く家屋の建築資材や家畜の飼料などに使われてきた。そのための育成法が台伐り萌芽法で、pollardが形作られてきた。ヤナギ類のpollardは、これら地域の景観の一部をなしている。ところが日本では、こうした例は殆ど見られない。それだけ、樹種の多様性が高く、有用樹種が多く生育していることの証でもある。

次に、常緑広葉樹では、どうだろうか？　萌芽更新を行い、薪炭林として利用されるシイ・カシ林については、あがりこ型樹形を仕立て、台伐りによって材の生産をする様式はあまり聞いたことがない。白炭の原料として使われるウバメガシについても、地際での伐採と萌芽更新によって森林が維持されている。これらの樹種が特に落葉カシ類（クヌギ、コナラ、ミズナラなど）に比べ、台伐りにおいて萌芽力が低いということもなさそうだ。言い換えれば、台伐りによるメリットがあまりないということなのだろう。温度条件や降水条件に恵まれ、実生であれ萌芽であれ、更新上に問題がなければ、作業効率を考えても、台伐りをあえて選択する必要はない。ただし、近年、シカの個体数が増加し、採食圧が高まっており、萌芽幹枝が被害を受けるとなると、今後台伐りの有効性が論議されていくかもしれない

**写真6-12　台伐りによって形成されたあがりこ型樹形のクリ林**
クリの木を狙ったクマ棚が見られる（福島県只見町）。

# 第7章　あがりこ型樹形のスギ

主幹を台伐りした上に多くの幹が発生している樹形と聞くと、庭木としても流通している京都の台杉を思い浮かべる人が多いのではなかろうか。あがりこ型樹形といえば、ブナのことだと思われがちであるが、景観的に見て、地上から離れた位置で台伐りをして、その上に幹を立たせている状態と考えれば、台杉もあがりこ型樹形の一つといえる。そこで、本章では台杉を含むあがりこ型樹形のスギについて紹介しよう。

## 1. アシウスギ（京都市片波川源流）

日本列島には、温帯性針葉樹の代表的な樹種としてスギが本州北部から九州、屋久島まで広く分布している。スギは、スギ科スギ属に含まれ、世界中で日本に自生するスギ一種しか存在しないが、各地で地域品種として呼び名がつけられ、また多くの栽培品種も存在する。こうした品種をまとめると、スギは大きく二系統存在している。それは太平洋側の少雪地帯に分布するオモテスギ（系）と多雪地帯である日本海側に分布するウラスギ（系）である。ウラスギの特徴は、下枝が接地発根し、新たに株を形成する伏条性が高いことにある。実際、日本海側に分布するスギの天然林を調査してみると、元株周辺に伏条苗が多数存在しているのを見ることができる。これは多雪環境に適応した生態学的な特性であるとされている（村井、1947）。日本海側のウラスギと太平洋側のオモテスギでは、樹形、針葉の形状が異なっており、樹形をみるとウラスギが細長く、オモテスギが幅広い傾向を持つ。針葉についてもウラスギは葉が枝先から拡がらずに狭く閉じているが、オモテスギは葉を大きく拡げている。

こうしたウラスギ系の中に、巨大で根元部分が湾曲し、大きく枝を張ったスギが京都府南丹市美山町の京都大学芦生演習林内に自生している。この異様で独特なスギを植物分類学者である中井猛之進は、伏条性天然スギとして、発見した芦生に因みスギの一品種アシウスギ（*Cryptomeria japonica* var. *radicans*）と命名した（中井、1941）。しかし、ウラスギとアシウスギの違いは明瞭ではない。さて、このアシウスギとされる天然スギが、昨今の巨木ブームで脚光を浴び、訪れる人が多い。

ここでは実際に私たちがアシウスギの調査を行った片波川源流域井ノ口山・片波山（京都市右京区旧京北町）を紹介したい。京都大学で森林学会の大会が開かれた際、私たちが組織する森林施業研究会は、恒例のシンポジウムを開催した。その中で、京都府の職員がアシウスギは元々、戸板を採取するために台伐りを行っていたものであると話した。正直、「へえー」と驚いたというのが、率直な感想であった。他の参加者は、あまりこのことに気を留めなかったようであったが、当時、あがりこ（すなわち台伐り萌芽）に興味を持っていた私には衝撃であった。さらに間の悪いことに、その晩の懇親会に、アシウスギ天然林の保護運動をしていた恩師の河野昭一氏が顔を出し、アシウスギの素晴らしさをまくし立てるものだから、何とも居心地の悪い、奇妙な気持ちになってしまった。京都府の職員は、アシウスギは人間が戸板を採取するために人為的に作り出したものと言い、河野昭一氏はアシウスギは天然スギとして素晴らしいと熱く語るのである。

ならば、見に行かねばならないだろう。当時、森林総研関西支所にいた大住克博君(後に鳥取大学教授)に頼み、現地に連れて行ってもらった。もっとも、当人も初めての現地入りであった。林道に迷いながら、現地に入る。尾根道を行くといわゆるアシウスギが現れる(写真7-1)。スギの根元は太く、地上2～3mの位置で何本かの太い枝分かれをした典型的なアシウスギで、個体ごとに樹形やサイズが異なる。一見しただけで、鋸による伐り跡が確認できる。間違いなく台伐り萌芽の痕跡である。アシウスギの特徴とされる伏条による更新は見られるものの、特徴的な樹形を形成する形にはなっていなかった。中には、明らかに幹の肥大部を鋸で板状に伐り落とした痕跡も見られた。まさしく、板戸採取の痕跡である(写真7-2)。さらに尾根部を進み、アシウスギ天然林の核心部といわれる場所に入っても、スギの樹形は、明らかに台伐りの痕跡がはっきりとわかり、アシウスギの正体を見たような気がし、「これだね」と二人で大きく頷いた。

そして帰り道、北山の台スギを見学した。この台スギこそ、アシウスギの伏条性を利用した台伐り萌芽仕立てのスギ林である。しかし、実際は伏条性を利用したというよりは、台伐りを行って、その直下の定芽から発生した枝を複数幹(立条幹)として仕立て、小丸太生産を行う台伐り萌芽更新法である。そうした意味では、天然スギを利用した台伐り萌芽による用材生産を応用した進化型と言えるかもしれない。この台スギについては、次の項で詳しく述べるとして、アシウスギ天然林の話に戻ろう。最初の片波川源流域踏査の後、この地域が京都府自然環境保全地域に指定されていることもあり、京都府の許可をとって、この林分の調査に入った。その結果が次のようなものであった。

調査地は、尾根部直下の緩斜面で、スギを主体とする林分だった。林分の総断面積合計の96.5%をスギが占め優占する(写真7-3)。その他の樹種としては、コナラ、ハクウンボク、リョウブが混じる程度である(表7-1)。スギは、アシウスギと呼ぶ台スギ樹形の巨木と、小径木からなってい

写真7-1　片波川源流域井ノ口山・片波山のアシウスギ

写真7-2　板取りの跡

る。アシウスギ(台スギ)のサイズは、最も小さなもので胸高直径が163.5cm、最も大きなものは206.6cm、本数密度は74.7本/haであった。一方の小径木は、幹の平均サイズが胸高直径で27.6cmだったが、本数密度は317.4本/haと高かった。こちらも複数の幹からなる萌芽株が半数近くを占めた（図7-1)。さらに調査区内には、373.5本/haのスギの伐根があったが、そのサイズは細く根元直径の平均で30.4 ± 19.3cmであった。

写真7-3　片波川源流域井ノ口山・片波山の台スギ林(アシウスギ林)の調査地

アシウスギには、区域内にあった4個体のすべての株で、二段から四段にわたる台伐り跡が認められた。このことは、アシウスギが、自然の厳しい環境の下でできたものではなく、人間の手が加えられることによって形成されてきた証拠である。個体によって、台伐り高は微妙に異なるが、概して第一段目は2 ～ 3mで、二段目はさらに1 ～ 2mほど上がり、さらに同じような間隔で上がりながら三段目、四段目がある。こうして、この調査区で最も高い台伐り位置は地上7mを超えていた(図7-2)。

各台伐り位置から出ている立条幹の直径サイズを見ると、台伐り位置が高くなるにしたがって、立条幹のサイズが小さくなっている(図7-3)。また、調査区内のアシウスギ1個体の根元部分に“板取り”の跡が見られた(写真7-4)。大きさを調べると高さ170cm、幅160cm、奥行き60cmと高さ170cm、幅50cm、奥行き25cmの2枚の板取り跡であった。

以上の結果から、当地域のアシウスギ天然林の成り立ちと利用を考察してみよう。過去にこの地域のスギ天然林は、都が近かったこともあり、その造成や寺社仏閣など記念碑的な建造物を建築するため、大量に伐採、利用され尽くし、現在、人手が加わっていない、あるいは人為の影響の少ないスギの天然林は存在しないと考えられる。一部残された天然木についても、その利用を

表7-1　調査地の林分の群落組成表

| 樹種名 | 本数密度(本/ha) | 胸高断面積合計($m^2$/ha) |
|---|---|---|
| スギ | 317.4 | 241.54 |
| スギ(台スギ) | 74.7 | 209.43 |
| コナラ | 18.7 | 3.08 |
| リヨウブ | 168.1 | 1.19 |
| ハクウンボク | 37.3 | 0.97 |
| アオハダ | 74.7 | 0.86 |
| ホオノキ | 18.7 | 0.72 |
| タムシバ | 18.7 | 0.65 |
| コシアブラ | 18.7 | 0.51 |
| タンナサワフタギ | 18.7 | 0.10 |
| ネジキ | 18.7 | 0.05 |
| ムシカリ | 18.7 | 0.05 |
| 合　計 | 803.0 | 459.15 |

免れることはなかった。これは京都に近いとはいえ、片波川源流域の山奥の尾根部に残されたアシウスギと呼ばれる形状の悪いスギ天然木にも、木材の利用の痕跡が存在することからも窺える。

その利用とは、台伐り萌芽更新による用材生産(小丸太生産)と元株の肥大化による戸板生産であったと思われる。スギは、閉鎖林分を間伐などで疎開させると、枝の落ちた幹の途中から枝が発生してしまい、徒長枝の一つとして材の形質を悪くするとして問題となる。つまり、萌芽性はある程度高い。また、直径が細いうちに幹の途中で伐採すると、その下から多数の芽が出て成長し、枝、幹となり、その内優勢なものが主幹(主軸)となる。アシウスギについて言えば、伏条性・立条性が高いことから、こうした樹木の生理的な特徴を木材生産に活用することは、当然考えられたはずである。

大径の天然スギが伐採され、資源が枯渇するなかで、まずは、小径木の生産が求められた。これは特に搬出困難な山奥では、小径木の方が搬出が容易で、好都合ということでもある。おそらくは、小丸太を雪上伐採し、谷に落として、川流しによって京都に運んだものと思われる。もう一つは戸板生産である。台伐り萌芽を行うと、元幹が肥大化する。このことを意識すれば、板取りによる戸板生産が可能となる。その証拠に、数多くの板取りの跡がアシウスギに残されている。板取りがされているアシウスギは、地上2～3mの位置で台伐りされており、台伐り上部の立条

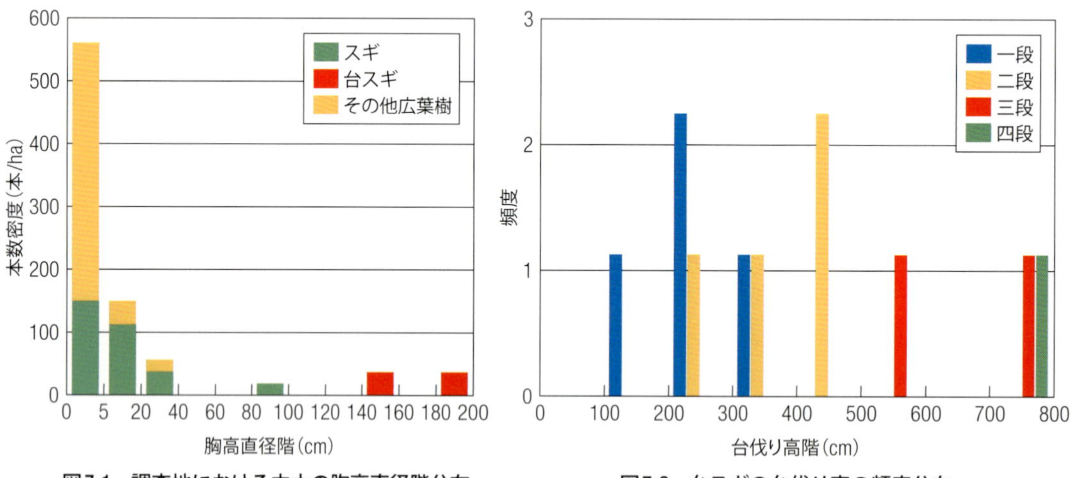


図7-1　調査地における立木の胸高直径階分布

図7-2　台スギの台伐り高の頻度分布

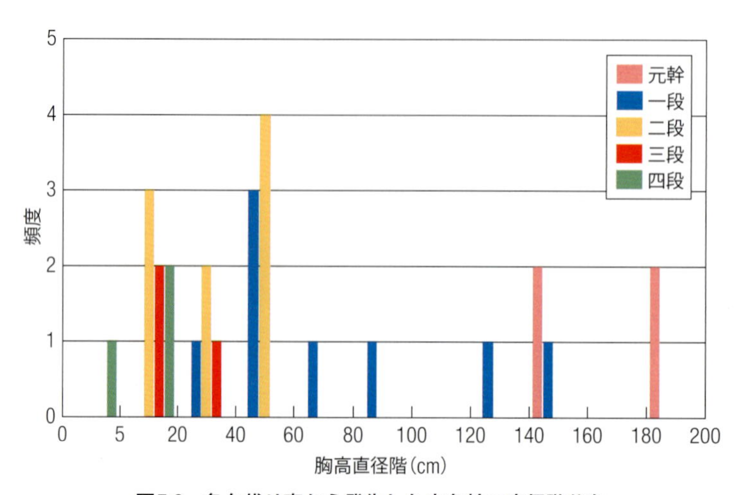


図7-3　各台伐り高から発生した立条幹の直径階分布

幹・枝に対しては、繰り返し伐採、利用の形跡も見られる。板取りは、その根元部分の幹部に対して行われ、幹の地際20cmぐらいの位置から高さ120～240cmの間で、幅80～150cm、厚さ20～40cmほどが伐り取られていた(写真7-2)。このサイズは、ほぼ6尺3寸(約1.9m)×3尺1寸(約0.93m)の戸板1枚のサイズに相当する。写真7-4のように複数枚の板取り跡が残るものもあることから、1本のアシウスギから数枚の戸板が採取され、牛馬によって消費地である京都に運ばれたものと思われる。したがって、この地域に見られるアシウスギの台伐り位置が2～3mであるのは、明らかに戸板生産を目的になされていると考えるのが合理的である。戸板は生産期間が長くなることから台伐り萌芽幹を小丸太生産に活用し、併せて元株の肥大成長を狙ったものと思われる。

写真7-4　調査木に残された板取り跡

それでは、他の地域のアシウスギの樹形はどうなのだろうか？　京都大学芦生演習林の赤崎中尾根付近に残された天然のアシウスギを見ると、その樹形は明らかに台伐りが行われ、伐り口も残されている。ただし、この地域のアシウスギ天然木には、板取りの痕跡が認められないところから、利用形態が京都市近郊に位置する片波川源流とは違っていた可能性はある。いずれにせよ、今日見られる典型的なアシウスギの樹形は人為的に作られたものであり、本来の天然スギの姿は違っていた可能性が高い。

それにしても、芦生演習林よりは近い京都市内とはいえ、片波川源流部も京都中心部から遠すぎることは事実である。アシウスギの立条幹による小丸太生産は、台スギという形でより京都の中心部に近い北山へ技術移転されたという可能性はないだろうか。

## 2. 台スギ(京都市北山)

京都の北部、中川を中心とする山間部の北山地区には、スギの美林が広がる。その中で、ひときわ目立つのが、スギを台伐りし、そこから複数の幹が立ちあがる台スギ群である(写真7-5)。

台スギは、応永年間(1394～1428年)に“株スギ”と称するスギの仕立て方に起源をもつという。室町時代の京都は、長らく続いた戦乱(応仁の乱、1467～1477年)の時代で、再建の途にあった。また茶道の隆盛に伴い茶室の建築材(柱・桁、垂木丸太)の生産技術として、“株スギ”が必要とされ、その仕立て方が普及・発展した。

江戸期延宝年間(1673～1681年)に入ると、福岡伊右衛門が北山に白杉の苗を押植え(直挿し：挿し穂を直接、林地の地面に挿し苗木とする)し、北山丸太を生産し、北山林業が始まった。この時に行われた仕立て法が“台スギ”であると伝えられている(西川、2009)。この時の台スギの仕立て方、取立法などは日下部(1889)によって記述されている。これによれば、地上2尺(60cm)で台伐りし、側枝を「取り木」とし、そこから萌芽幹である立条幹を複数育てる一樹多幹の育成法である。その立条幹の数は、1株で数十から数百本に及ぶとされる。その代表的なものが、中川地区にある樹齢400年超えの台スギである(写真7-6)。

立条幹は、幹先に葉を残す程度の強度の枝打ちを行いながら、通常は30年ほどかけて元口直径5cm程度の通直な幹を育成し、収穫する（坂本、1987)。その後、再び台伐り付近から発生した立条幹を育成し、伐採、利用を繰り返す。まさしく、その原理は、片波川源流域や美山町芦生の天然スギで行われてきた台伐り萌芽の仕立て、取木法そのものである。ただし、天然アシウスギとは異なり、台伐り位置はほぼ固定され、上昇することはない。これは北山の台スギが、強度の枝打ちを行うため、比較的開放的な環境が維持されることと、萌芽の芽かきなどを適切に行い萌芽力が失われないようにしているためと考えられる。

また、この北山の台スギに使われるのが伏条性の高いアシウスギの品種、白杉、柴原、種杉であるとされている。北山スギの中心地中川には、その元となった樹齢500年を超えると言われる“白杉(シラスギ)”の母樹が中川八幡宮に現存する。

台スギは、立条更新を行うことから、アシウスギの特徴である伏条性とは直接結びつかない。アシウスギに見られる伏条性は、下枝が垂れ下がり、積雪などで接地すると、その部分で発根し、伏条苗が形成される。伏条更新では、根元から複数の樹幹が立ち上がり株立ちとなる場合があるほか、伏条苗が親株から離れた場合は、別個体と認識されることもある。台スギに見られる立条性は、主幹が幹折れなどの損傷を受けた場合に、側枝や側芽が立ち上がり主幹となって成長することで、この場合は、直立する幹が複数になることもある。つまり、伏条更新も立条更新もスギの生態学的な成長特性(繁殖とは言わない)を利用して木材生産を行うことでは一致するが、その方法は異なる。

北山の台スギは、アシウスギの持つ伏条性を利用したと言われているが、矛盾した表現であることに気が付かれただろうか？　台スギは、立条性を利用した仕立て方であり、伏条とは直接関係がないのである。事実、北山の台スギに使われるのは、アシウスギではないとの指摘もされている。立条性はスギに一般的に見られる特性であり、ウラスギ系のアシウスギでなくてもよい。針葉の形状から見て、台スギに使用されている品種は、アシウスギとは異なるとの見解もある(高桑ほか、2009)。

北山スギは、元々は台スギ仕立てにより生産された小丸太材を指していたが、今日では台スギに拠らない一代限りの一樹一幹で育てる一斉林方式(丸太仕立て)となっている。これは生産効率の高い皆伐一斉造林法での林業で、強度の枝打ちにより通直完満な材を生産し、これを砂で磨き、

写真7-5　京都北山の台スギ群

写真7-6　京都北山に残された台スギの巨木

磨き丸太として製品化している。この方法が現在の北山林業で、大正期以降に一般化した（写真7-7）。さらに木材の付加価値を高めるため、明治期には幹の表面に凹凸ができる品種を発見し、品種を改良して天然絞丸太の生産を始め、その後、大正期には人工的に幹の表面に凹凸をつくる人工シボ丸太の生産技術も確立し、付加価値の向上も図られている。

北山地区では、廃れつつあるとはいえ、現在もなお台スギを普通に見ることができ、小丸太生産も行われている。最近は、造園的な視点からこの台スギが注目され、庭木などとして育成、販売、植栽されているため、各地でその姿を目にすることができる。ただし、林業的には、台スギ仕立て法が高度な技術を要することに加えて、製品市場が数寄屋造りの茶室など限定的であることから、全国的には普及していない。

写真7-7　北山スギの磨き丸太の生産（中川地区）

## 3. 株スギ（岐阜県関市板取地区）

伏条性や立条性を活かしたスギは、京都以外にもある。ここでは岐阜県の例を紹介したい。岐阜県林業センターに勤めておられた川尻秀樹氏（現岐阜県立森林文化アカデミー副学長）は、岐阜県の飛騨・奥美濃地帯に分布する天然スギの調査を行い、その中にカブスギ（株スギ）と称される伏条性・立条性によって生み出される特異な樹形を示すスギ集団があることを確認し、その類型化を試みている（川尻・中川、1987）。

株スギは大きく3種類あり、地際から幹が萌芽したA型（根萌芽型）、親株の立条枝が2～6mで株立ちした北山台スギ状のB型（株萌芽型）、そして、地際で株立ちしたものが台スギに移行したC型（根と株萌芽の複合型）である。さらに川尻氏らは、この株スギが集中して分布する岐阜県関市板取地区にある「板取21世紀の森公園」（以下、21世紀の森公園）の株スギ群の詳細な調査を行っている（川尻ら、1989）。サワラのあがりこ調査などで共同研究を行っていた森林総研の菊地賢君と私は、岐阜県森林研究所を訪ね、川尻氏から直接情報を得るとともに、知り合いの横井秀一氏（現岐阜県立森林文化アカデミー教授）と、同僚の大洞智弘氏の案内で現地調査を行った。調査は、川尻氏らが調査を行った21世紀の森公園の株スギ群と、そこから数キロ離れた板取小学校対岸の2か所で実施した。

まず、21世紀の森公園の裏手にある株スギ群だが、これは川尻ら（1989）の報告に詳しく記載されているので、本書では現地の概要説明に留めたい。

21世紀の森公園の裏手にある株スギ群は、約50年生のスギ、ヒノキ混植の人工林内に、巨木として点在している（写真7-8）。0.74haの区域内に73個体あり、川尻氏が類型化したタイプごとの株数は、株萌芽のB型が29株で最も多く、次いで複合したC型の25株、最も数が少ないのは根萌芽のA型で19株であったという。私たち（菊地賢君と私）が調査した際は、調査区面積が0.075haに8株の株スギが出現したが、A型は見られず、B型が3株、C型が5株であった。しかし、8株のうち2株は枯死しており、他の株についても幹の一部が枯死、脱落し、BとCの区別も正確にはできなかった。地際から叢生する幹は、成長する過程でお互いに合着し、表面上は1本の幹に見える場合もあり、類型は困難であった。

株スギのサイズを地上1.3mの位置でその周囲長を測定し、円に近似させた胸高直径を推定してみた。その結果、最少で1.15m、最大で3.47mであった。もちろん、このサイズは株サイズであり、単幹サイズとみなすことはできないが、かなり大きな株であることは間違いない。この株スギ群の樹齢については、300年とも500年とも言われているが、推定することはかなり困難と思われる。

総じて、この株スギ群は、伏条由来の株立ち個体で、その幹が地上部で台伐りされ、そこから発生した立条幹を伐採使用して、今日の樹形の形成につながったものと思われる。すなわち、一般型としては伏条更新した根萌芽と立条更新した株萌芽が複合したC型であり、B型は、その脱落型あるいはその一部を株として認識したためと思われる。また、私たちが確認できなかったA型は、台伐り萌芽利用がなされなかった小径木か、形質不良株と想像できた。台伐り高は、第一段目が地際から2m前後、二段目がさらに1～2m上がった場所である。第一段目の伐採跡は既に腐朽し崩れ去っていたので、台伐りの大きさや伐採回数などは判断できなかった。二段目の台伐

**写真7-8　板取地区「板取21世紀の森公園」の株スギ**

り位置からは、立条幹（萌芽幹）が多数立っていた。一つの台伐り位置から1～4本が成立し、株全体としては1～23本ほどあったと川尻ら（1989）は報告している。私たちの調査でも、1株で最大27本の立条幹を確認しているが、その内6本は枯れていた。立条幹の直径は1～48 cm、平均して15.7 ± 12.1cmと川尻ら（1989）が報告している。川尻らの調査から20年を経過して行った私たちの調査は、その後の肥大成長に加え、調査対象が立条幹の根元部分で直径5cm以上の幹を対象としたことで、幹サイズはより大きな値を示した。この立条幹の幹齢については、損傷幹の整理などの際に伐採された伐口の年輪数からおよそ65年生と推定された。なお、川尻ら（1989）が、樹幹解析を行った立条幹の齢は64年生であった。

この地域では、1960年代まで、株スギの台伐り萌芽による立条幹の伐採、利用が行われていたとされている（川尻・中川、1987）ことから、この株スギ群の利用も今から約70～90年前に最後の伐採、利用がなされ、現在の姿はその後に成長した立条幹と見られる。現在の株スギは、立条幹を支える元幹が細く、支えられる立条幹のサイズを超えているように思われ、実際一部個体では台伐りした元幹の倒壊も生じていた。

次に板取小学校対岸の株スギ群について報告する。場所は21世紀の森公園と同じ板取地区にあるが、公園から板取川を数キロ下った板取小学校の川を挟んだ対岸の集落の水源となっている斜面に成立する（写真7-9）。写真7-8と7-9を見比べればわかるとおり、株スギの様相は、21世紀の森公園とは大きく異なっている。調査は、まず株スギ群落内に縦横20m × 30mの調査区を設け、区内に出現する胸高直径5cm以上のすべての立木について、樹種名と胸高直径を測定、記録した。続いて、株スギについては、株ごとに台伐り高を測定、また、そこから出ている立条幹の本数、サイズを測定、記録した。その結果、調査林分の本数密度は473本/ha、胸高断面積合計が417.5㎡/haであり、スギが本数密度で77.8%、胸高断面積合計で99.9%を占めていた。つまりほぼスギの純林状態である。スギの本数密度は、全体で368本/ha、株スギは245本/haであったが、断面積合計のうち94.8%は株スギであった（表7-2）。

次に立木の胸高直径のサイズ分布について見ると、最も小さなサイズはその他で示した広葉樹で、広葉樹より若干太いサイズで通常樹形（単幹）のスギがある。株スギは、一部が細いものの大半は通常樹形のスギよりも大きい。株スギの胸高直径は、例外的に23cmという小さな株もあるが、ほとんどが60cm以上で、最大が285cmであった。株スギの平均サイズは、124.6 ± 73.3cmであり、通常樹形のスギの平均サイズ44.6 ± 17.8cmとは大きな差があった（図7-4）。

株スギにおける台伐り位置はおおよそ一、二段で、中には三段も見られる。一段目の台伐り高

写真7-9　調査地の株スギ群（板取小学校の対岸）

は1mから3.4mで平均の高さは2.3mであった。また、二段目の高さは2.1mから4.5mで、一段目より1mほど上に位置し、平均の高さは3.2mであった。そして三段目まである個体は少ないが、高さは4m以上だった(図7-5)。台伐り位置から出ている立条幹の本数とそのサイズであるが、立条幹の本数は、1株あたり1～7本の範囲にあり、平均すると3.1±2.0本であった(表7-3)。また、その直径サイズは、7～49.8cmの範囲にあり、平均値は32.5±11.9cmであった(図7-6)。

表7-2　関市板取地区の株スギ林の群集組成

| 樹種名 | 立木本数(本/ha) | 胸高断面積合計($m^2$/ha) |
|---|---|---|
| スギ(株スギ) | 245.3 | 395.31 |
| スギ(単幹) | 122.7 | 21.74 |
| ホオノキ | 17.5 | 0.13 |
| ヤマザクラ | 17.5 | 0.09 |
| モミ | 17.5 | 0.09 |
| シロモジ | 35.0 | 0.07 |
| シラキ | 17.5 | 0.04 |
| 合　計 | 473.2 | 417.5 |

この株スギ集団を21世紀の森公園の株スギ群と比べるため、川尻ら(1989)で示した類型で比較した。結果は、台スギ状のB型(株萌芽型)が最も多く、21世紀の森公園で最も多かったC型は少なく、21世紀の森公園でも少なかったA型は確認できなかった。元株のサイズは最大で285cmと21世紀の森公園と比較し、やや小さかった。台伐りの高さや段数などにおいて両集団に大きな違いは認められなかったが、株のサイズを反

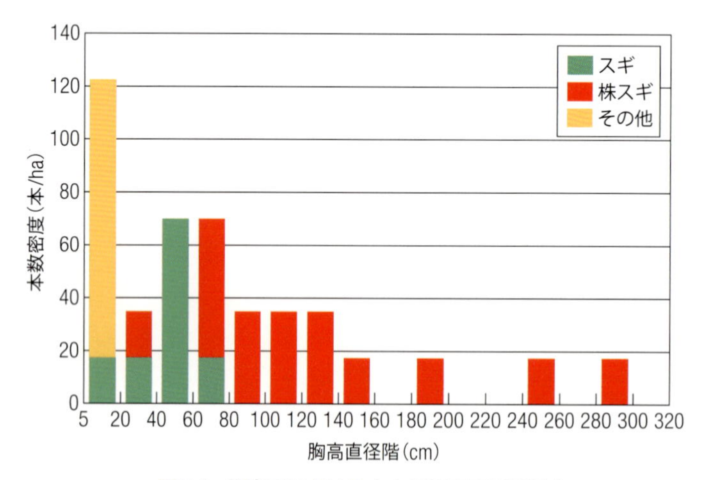

図7-4　調査区における立木の胸高直径階分布

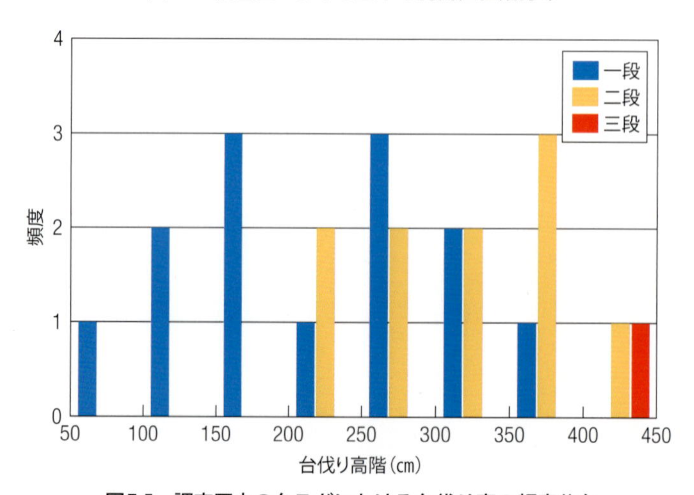

図7-5　調査区内の台スギにおける台伐り高の頻度分布

映してか、株あたりの立条幹数は、本調査地が少なかったが、平均直径は大きかった。

板取地区の川尻ら(1989)の報告と私たちの調査結果をもとに、この地域の株スギについて、若干の考察を行ってみよう。まず株スギであるが、これは川尻ら(1989)の報告にもあるとおり、この地域に自生する伏条性の高い天然スギがもとにあると考えられる。素性の良い通直な天然スギは、早い時代に伐採の対象となり失われたと思われるが、形状の悪いスギは残され、やがて伏条更新により複数の幹を持つ株スギの形成につながったものと思われる。この株スギから発生した伏条幹の中でも、通直な幹は当然利用対象となって伐採されたが、その伏条幹が直立する位置が一段目の台伐り位置となったことは想像に難くない。

伏条幹の根元は根曲がりとなっているが、これは多雪地帯の積雪深と強い結びつきがある。若齢のスギは、冬期の積雪による沈降圧と匍行圧により倒伏し、無雪期に回復することを繰り返す。この状態を何年も繰り返すため、根元が徐々に曲がってしまう。しかし、積雪深を脱すれば積雪による圧を受けなくなるため直立して成長することができる(小野寺、1990)。つまり、伏条更新であっても積雪深を脱すれば直立するので、直材を採るとすれば、根曲がり上部となる。

**表7-3　各個体ごとの台伐り位置から発生した萌芽幹数と立条幹数**

| 個体番号 | 胸高直径(cm) | 一段(生) | 一段(枯) | 二段(生) | 二段(枯) | 三段(生) | 三段(枯) | 立条幹数 |
|---|---|---|---|---|---|---|---|---|
| 14 | 84.6 | 2 | | | | | | 2 |
| 8 | 88.1 | 1 | | | | | | 1 |
| 15 | 62.2 | 2 | | | | | | 2 |
| 26 | 23.2 | 1 | | | | | | 1 |
| 17 | 69.6 | 1 | 2 | 1 | | | | 1 |
| 10 | 111.4 | 5 | | 3 | | | | 5 |
| 3 | 251.2 | 5 | 1 | 5 | | | | 5 |
| 11 | 125.7 | 1 | 1 | | 1 | | | 1 |
| 22 | 285.0 | 4 | | 5 | | | | 4 |
| 24 | 128.2 | 2 | | 3 | 1 | | | 3 |
| 25 | 69.7 | 2 | | 2 | 1 | | | 2 |
| 18 | 185.7 | 8 | 1 | 4 | 3 | | | 7 |
| 6 | 152.6 | 6 | | 3 | 1 | | | 6 |
| 27 | 107.6 | 3 | | 3 | 1 | 2 | 2 | 3 |

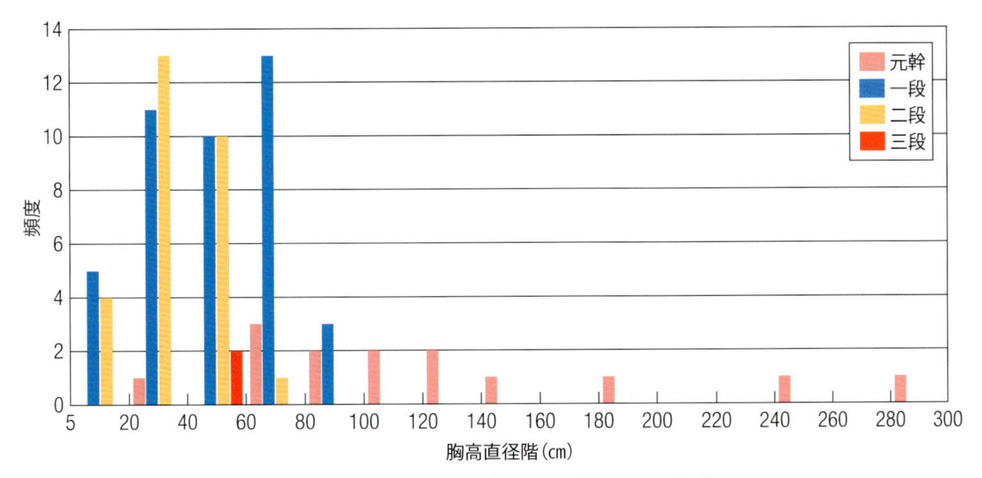


**図7-6　調査区内の台スギにおける幹のサイズ分布**

立条幹は二段ないし三段が相当する。

さて、こうして台伐りをされた株スギだが、萌芽性と立条性が高いこともあって、台伐り部分から多くの側枝が発生、成長する。その後、側枝が成長、直立し、主幹となって台スギ状態を作り出す。地域住民は、経験的にこの現象を理解し、仕立て法として確立していったものと思われる。それが台スギ的な更新法、いわゆる台伐り萌芽更新である。しかし、これを可能とするには、株スギを開放的な環境の下で育成しなければならない。

21世紀の森公園の株スギは、採草地の中で育成されていたことが伝えられている。今から60年ほど前(昭和30年代)までは、家畜の飼料、刈敷(緑肥)の供給の場としての採草地に利用され、その間に株スギが疎林として存在していた。採草地の利用が廃れた時にスギ・ヒノキの植林が行われたという。この時に台伐り萌芽更新(立条更新)によるスギ材生産も行われなくなったようだ。それ以前の台スギ的林業は、どのように行われていたのか？　その歴史や作業法は定かではない。しかしながら、台スギという性格上、立条幹から大径木を生産することは困難であり、基本的には小丸太生産であると思われる。台伐りは同じ位置で繰り返し行われるが、伐り跡を修復する過程で、幹部の肥大など異常成長が起こって、萌芽力が落ちてくるため、1本の立条幹を根元部分では伐採せず、1m程度上げて伐採、利用する。そうすることで、萌芽枝の発生を維持することができる。そうした結果、台伐り位置が上昇する。これは、先に取り上げたアシウスギ天然林と同じである。まさしく、過去の林業活動の痕跡、遺産である。しかし、現在では台伐り萌芽更新が行われなくなったため、台伐り位置から発生した立条幹が収穫時期を越えて成長している。遠望すると一般のスギ林と大差のない相観であるが、中に入ると台伐りした元幹の上に成長した通直な幹が数本乗っているというかなり危うい状況にある(写真7-10)。今後、こうした状態が維持されるのか、崩壊するのか、興味深い。

ところで、この株スギ群が存在する板取地区の名前だが、「岐阜県おもしろ地名考」(服部、2000)によれば、植物のイタドリに由来し、本来は「虎杖(イタドリ)」と書くが後世に「板取(イタドリ)」という字を当てたという。しかし、板取川流域は林業が盛んで、また木地師伝承も伝わり、榑板(くれいた)(屋根葺板)等が名の由来ではないかともいう。アシウスギの台伐りが、元の幹の肥大成長により戸板の採取(板取)を行っていた事実に照らし合わせると、株スギの根元部分で戸板の採取を行ってきたことが由来ではなかったかと想像したのだが、今回の株スギを見て回った範囲では、そうした痕跡は確認できなかった。

**写真7-10　板取小学校側から見た株スギ群**　一般の林相と大差ないが、林冠層は立条幹で構成されている。右は林内。

## 4. 日本海側の多雪地帯に広がる株スギ(新潟県阿賀町)

尾瀬から発する只見川を源流部の一つとする阿賀野川の下流部に阿賀町がある。この町にある平等寺の境内には、将軍杉と呼ばれる国の天然記念物に指定されたスギの巨木がある(写真7-11)。幹周り19.3m、樹高38mで、根元付近で幹が6本に分かれる。このスギは、根元部分で幹が株立ちする"カブスギ(株杉)"樹形(川尻・中川、1987)で、最初に紹介したアシウスギと同様に日本海側の多雪地帯に連続的に分布するウラスギの特徴をよく表している。

将軍杉ほどの巨木ではないが、阿賀町の山間部には天然の株スギが数多く分布している。現地には株スギに関心を持ち、調査し、保護、活用しようとするグループが存在する。このグループは、阿賀町地区にある施設「中ノ沢渓谷森林公園」を活動の拠点とするNPO法人「お山の森の木の学校」である。この団体からあがりこの話をしてほしいと依頼を受け、訪ねたことがある。

中ノ沢渓谷森林公園は、五頭山山系の東側に位置し、野外活動施設の他、その周辺に広葉樹二次林とスギ人工林が広がり、遊歩道も整備されている。公園内にある渓谷沿いの段丘上や尾根部に天然スギが分布する。この天然スギは直立する単幹のスギではなく、根元部分で株立ちするいわゆる"ムラスギ"で、さらにその上で多くの枝・幹に枝分かれする。団体の理事である山田弘二氏は、このスギに興味を持ち、調査や聞き取り、文献調査などから、この樹形が台伐り萌芽更新(頭木更新)という森林利用から生まれたと結論づけ、あがりこの調査を行っていた私に連絡をくださった。

当日は、このグループの年次総会ということで、「あがりこの生態誌」という話をし、その後、実際に、中ノ沢渓谷の株スギを見せてもらった。このグループには、元新潟大学教授の竹内公男氏や准教授であった龍原哲氏(現東京大学農学部教授)も協力し、この集まりにも参加されていた。実は両氏とは日本林学会誌の編集委員を同時期に行っており面識もあった仲である。

さて、渓谷から尾根部に登って、最初に見せられた"台杉"は、根元径が約2m、地上2mほどのところから多幹化した天然スギである。よく見ると台伐り跡が確認され、明らかに台伐り萌芽更新の結果で、自然が生み出したものではない。さらに歩道を進むと尾根部にこうした台スギが点々と分布する。そうした中に、"千年台杉"と呼ばれる巨木がある(写真7-12)。このスギは胸高直径

写真7-11　幹周り19m、樹高40mの将軍杉は国指定の天然記念物(新潟県阿賀町)

も2m以上あり、地上2mほどのところで多幹化する典型的な台スギの樹形を示している。このスギもやはり人間が台伐りし、発生した萌芽幹(立条幹)を伐採、利用した結果である。また、崖の上に張り付く"みょうばん岩の大杉"(写真7-13)もあるが、このスギについても台伐り跡が確認された。つまり、この地域に分布する天然スギの多くは、過去に台伐りが行われ、そこから発生した立条幹を伐採、利用する中で、現在のような樹形が形成されてきたと言える。地元では、こうしたスギを「タッコギ」と呼び、直立する「ジダテ」と区別している。

伐採、萌芽位置が地上2mほどに定まっているのは、おそらくは雪上伐採が行われたためで、積雪深と台伐り位置には密接な関係があったと思われる。ただし、中ノ沢の台スギあるいは株スギは、他地域のそれとは若干異なり、多くの場合台伐り位置が一段のように見える。これは、萌芽性が高いためなのか、利用の歴史が短いのか、あるいは伐採の周期が比較的短く、萌芽性が維持されてきたためか、はっきりとはしない。ただよく観察すると、二段目までの台伐りは確認され、一段目と二段目の間隔は1m程度であった。

このような台伐り萌芽施業(頭木更新)は、実際に伐採、利用された方が存命なことから、20～30年前まで行われていたようだが、どのように木材が利用されてきたのかについては、まだわかっていない。今後の詳しい調査が待たれる。台スギは河川周辺の段丘上やガレ場に存在するところから、利便性の面から川を使った伐採搬出が行われたのではないかと推察されるが、情報はない。当地域は、標高が200～300mの丘陵地にあり、現在は広葉樹二次林の中に天然スギが分布しており、元々は薪炭林利用あるいは草地利用が行われていた場所と考えられた。このように天然スギは比較的開放的な環境の中に点在していたため、台伐り萌芽更新が比較的容易に行われたものと思われるが、現在は成長した広葉樹林あるいはスギ人工林に埋没しつつある。

中ノ沢渓谷周辺の台スギ群の形成には、地域住民の森林利用だけでなく、ムラスギ(群れ杉)と呼ばれるウラスギ系スギの伏条性が大きく関係している。ムラスギは、根元付近で株立ちするのが特徴とされているが、実際は下枝が垂れ下がり、地表に接して発根し、伏条枝となって、そこから

写真7-12　千年台杉と呼ばれる台スギ

写真7-13　みょうばん岩の大杉
地上2mほどで台伐りされている。

枝を幹化して成長することから形成される。また、こうして叢生した幹は成長する過程で互いに癒着し合体木となることも多い。こうしたムラスギを雪上で台伐りし、萌芽幹を連続的に利用することで、現在の台スギが形成されているが、中には巨大化や奇形化した個体も見られる。その一つが写真7-14である。この個体は国有林と民有地との境界付近にある痩せ尾根に生育する天然スギの一つで、元株から直立した主幹が立ち上がる他、数本の幹が地面を這うように延び、やがて立ち上がって元株の周りの空間を大きく占有している。これらの株立ちする幹についても、地上1～2mの場所で台伐りが行われ、そこから多数の立条幹が出ている。

山田氏からこうした樹形はどのような経過でつくられたのかと聞かれたが、即答はできなかった。後ほど思い起こしながら考え付いたのは、次の図(図7-7)に示すような仮説である。

写真7-14　台スギの巨木(阿賀町)　それぞれの伏条幹も地上2m付近で台伐りされ、立条幹が出る。

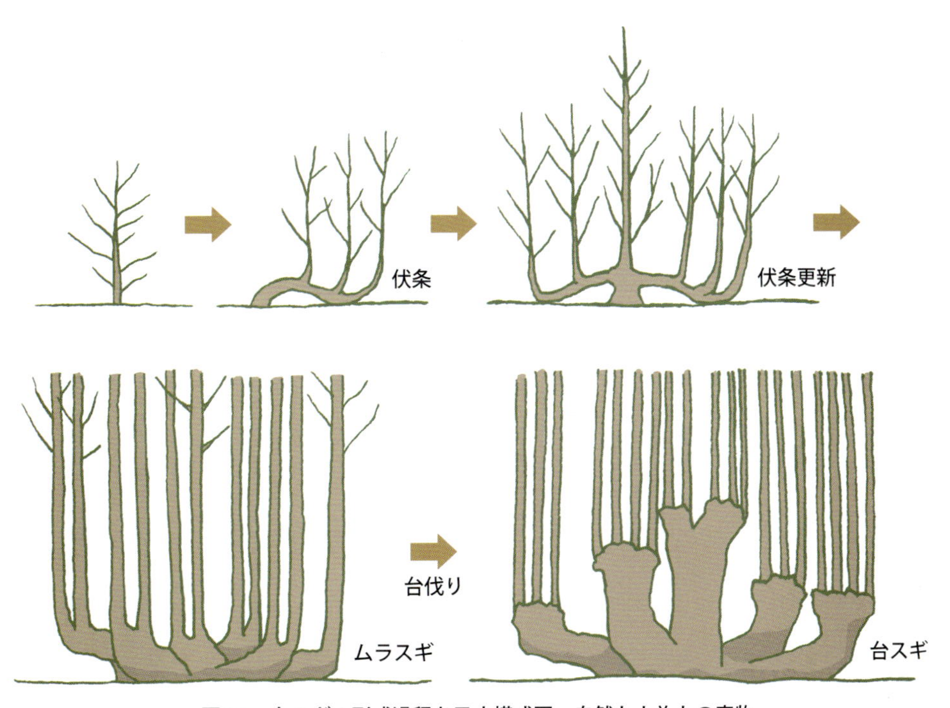


図7-7　台スギの形成過程を示す模式図　自然と人為との産物

実生で発生したスギの個体は、この地域特有の多雪環境の中で、寒気からは守られるものの積雪に押しつぶされながら成長する。幼樹の段階で、側枝が発達する伏条性を示し、地際での多幹化が進む。その後、主幹は直立するが、側枝は横に張り出す形で成長し、やがて側枝も立ち上がるため、現在の基本的な樹形が形成される。この段階で、台伐りによる木材生産が始まったものと考えられる。台伐り後に発生した萌芽幹がそれぞれ成長し、多数の台がある台スギとなり、再度台伐りが行われる。何回も台伐りが行われる中でスギは成長し、幹の肥大成長と樹高成長が進み、現在の巨大で奇怪な樹形を獲得したものと推察される。当地域にある天然記念物"将軍杉"も同じような樹形を示している。当地からは地理的には遠く離れているが、同じ日本海側に属する島根県隠岐の島の"かぶら杉"や"乳房杉"が全く同じような樹形を示しているのも面白い(写真7-15)。

この阿賀町は福島県金山町と接するが、その県境にある御神楽岳は信仰の山として有名である。御神楽岳の福島県金山町側には"本名スギ"と呼ばれる天然スギが分布している(中元・渡部、1959)。この本名スギは、江戸期には会津藩保科氏の有力な財源として伐採、利用され、これを引き継いだ国有林は、戦後に大規模な森林伐採を行い、資源量が激減した。そのことから、伐り残された天然林は、現在、遺伝資源保存林として厳正に保護されている。

この保護林内の天然スギを調査したことがあるが、面白いことに、本名スギは確かにウラスギ系であり、下枝が垂下し、伏条性も示しているのだが、中ノ沢とは異なり、単幹の個体が多い(写真7-16)。標高は異なるものの、同じ多雪地帯にあり、降雪量もさほど違わないのに、不思議なことである。近くには伐木を専門に行う職能集団の集落しか存在しなかったので、生活と結びつくようなスギの利用とその結果としてある台スギは存在しなかったのだろう。山を挟んだ本名スギと中ノ沢の天然スギの比較は大変興味深いように思われた。

山田弘二氏は、当地の天然杉について、その天然分布と利用の歴史から「人の生活と文化が反映された生活文化遺産」と位置付け、その価値と保護の重要性を指摘している(山田、2016)。さらに保護と持続的な活用の地域的ネットワークが発展していくことに期待したい。

**写真7-15　島根県隠岐の島にある「かぶら杉」(左)と「乳房杉」(右)**

写真7-16　福島県金山町の御神楽岳山麓部にある本名スギの保護林

## 5. 糸魚川大所地区の天然スギ林

新潟県糸魚川市の長野県との県境部、姫川左岸の高台（標高450 m）に大所集落はある。この集落は、その奥の木地屋集落とともに、2,650haという広大な集落有林を有する。その内750haは大所集落が単独で所有する集落有林（一等山と呼ばれる）であり、多くは落葉広葉樹二次林により構成されるが、尾根部を中心に天然スギが分布する（龍原ほか、2017）。天然スギには3タイプあり、一つは通常の単幹で直立する樹高の高い個体（単木）、もう一つが根元から複数の幹が直立する個体（ムラスギ）、そして地上部2～3mの位置で幹別れする台スギである（写真7-17）。

台スギを見ると、多くは尾根部に分布するが、中にはブナと混交する個体も存在する。地上3～4mの位置で台伐りが認められ、そこから複数の幹が立ち上がっている。中には台伐り位置が二段の個体も見られる。最も大きな台スギは、胸高直径が2mを超える。明らかに人間による伐採、利用の結果生み出されたあがりこ型樹形の台スギである。集落有林からは、自家用薪炭を採取すると同時に、天然スギから家の建築用材を調達してきた。長押などの構造材は、直立する単幹の個体から採取し、通し柱として利用した他、天井板、腰板や外壁材は、台スギの立条幹を利用している。

大所集落の家屋を見てみると、外壁や柱材などで多くのスギが使われており、家屋の建設に集落有林の天然スギが多く使われていることが推察された。ただし、元々、この地域の家屋が天然スギでつくられてきたのかというと、必ずしもそうとは言えないようだ。集落の区長をつとめていた山岸氏宅にお邪魔して話を聞いたところ、家の構造材としては、ケヤキ、キハダなど広葉樹を使うところだが、ケヤキがあまり生育しない場所なので、広葉樹の代わりに天然スギを利用しているとのこと。家屋の建築で必要な場合は、冬季に集落有林から天然スギを伐り出して橇で運び、製材したということで、1955年までこうした伐採が行われていた（龍原ほか、2017；山岸談）。このことからも、当地域の台スギは台伐り萌芽更新（台株更新）の結果生まれたことは明らかである。なお、このスギに関しては、観光資源として活用すべく、新潟県糸魚川地域振興局が調査を行い、報告書としてまとめている（大スギ等観光活用委員会編、2017）。

**写真7-17　糸魚川市大所集落共有林の天スギ**　台スギ(左)とムラスギ(右)が見られる。

## 6. 台スギ・株スギの地理的分布

スギは温帯性針葉樹の一種で、日本列島においては、北は青森県鰺ヶ沢から南は鹿児島県屋久島まで、広く温帯地域に分布している。地史的に見ると、スギが日本列島において隆盛を極めたのは、最終氷期が終わる1万年前以降である(遠藤、1976；安田、1980)。

急激な気温の上昇とともに、北方系の針葉樹林が後退し、代わって氷期を生き残ったスギをはじめ温帯性針葉樹が暖温帯地域を中心に分布を拡大していくのは、縄文時代中期の5000年前以降である。しかし、こうしたスギについても、大和朝廷という強力な中央集権国家が打ち立てられ、飛鳥・奈良時代以降、都が整備され、寺社仏閣など記念碑的建造物が次々と建築される中で、伐採、利用された。建築材として利用価値が高い森林資源の収奪は、畿内から始まりやがて全国へと拡大する(タットマン、1998)。平安、鎌倉、室町、江戸と続いた社会の発展と権力の交代劇、これに伴う戦乱は、スギをはじめとした木材資源を多く収奪することになり、江戸初期には日本列島の天然林はほぼ絶滅状態に陥ったとされる(タットマン、1998)。今日、私たちが日本列島に見るスギの天然林は、屋久島のごく一部を除き、伐採の後に再生した森林である。しかし、そうした天然林ですら、戦後の高度経済成長期に伐採され、その面積を大きく減らし、断片化している。

このような天然林とされる林分の中で、日本海側を中心に地上数mのところで、主幹を失い、枝分かれしたいわゆる「台スギ」のスギ林が各所で見られる。当初これらは、“伏条台スギ”と呼ばれ、多雪環境に適応したウラスギ系のアシウスギに特徴的であるとされてきた(中井、1941)。しかし、ウラスギの生態学的特徴である伏条性に着目し、株スギ、ムラスギ(群スギ)の樹形の類型化を進めた川尻ら(1989)は、台スギは台伐り萌芽により生み出された樹形ではないかと推察した。

これとは別に、次章で紹介するサワラのあがりこ型樹形林の調査の結果、人間による台伐り萌芽更新により生み出されたものと結論付けた私たち森林総研のグループ(鈴木ら、2008)は、台スギの形成過程にも注目した。川尻氏らが調査を行った岐阜県板取地区の株スギを調査し、さらに北山のアシウスギ天然林を調査し、明らかな人間のかかわりを確認した。すなわち、スギの主幹を地上部2～3mで台伐りし、そこから発生する立条枝(幹)を繰り返し、伐採、利用した痕跡である。特に、京都市北山の片波川源流部の巨大化したスギの異様な樹形(写真7-18)は、これまでアシウスギの特徴と見られていたが、今回の調査で人為的に形成されたものと結論付けられた。このような観点から、日本海側の多雪地帯を中心に見られる台スギ状の天然スギ群は、多かれ少なかれ、人の手が加わっているものと思われる。ウラスギ系のスギについても、アキタスギやタテヤマスギ(写真7-19)などは、基本的に単幹の通直な樹形をし、樹高も高い。これは福島県の本名スギや兵庫県の氷ノ山、島根県隠岐の島の天然スギ林においても同じである。一方、佐渡（写真7-20)や阿賀野川流域、糸魚川市姫川流域、富山県氷見市の洞杉群落、あるいは京都の芦生、片波

**写真7-18　巨大なアシウスギ(京都片波川源流部)**

**写真7-19　立山スギ**　単幹の巨木は仙洞スギと呼ばれ幹周り9.4m、樹高21m（左)、台スギ状態の天スギ(右)。

川源流部の天然スギは、地上3～4mで主幹を失い多数の幹が叢生する樹形である。これらの天然スギ集団は過去における台伐り利用の履歴が強く示唆されている。背景には、雪上伐採と搬出の利便性、地域資源の効率的な利用を読み取ることができる。現在までに確認されている人為によって生み出された台スギの分布は図7-8のとおりである。

**写真7-20 佐渡島の天スギ** 多くが台スギ状で、人の手が加わっている可能性が大きい。〈中野陽介氏提供〉

**図7-8 台スギ・株スギの分布**

# 第8章　あがりこ型樹形のサワラ

私が、あがりこの研究を本格的に開始したのは、あがりこ型樹形のサワラを見たのがきっかけであったということは、本書の最初に述べたとおりである。

ブナのあがりこは中静氏によって紹介され、台スギや台場クヌギなどに見られる台伐り萌芽更新は古くから林業的にも使われていたが、このサワラのあがりこ型樹形については、よくわからないところがまだまだ多い。研究途上ではあるが、これまでの調査結果を整理しておくことにする。

## 1. 長野県松川村(有明山山麓部)のサワラ巨木林

長野県安曇野市の犀川堤防から西の方角を見ると、北アルプスの山々の連なりの前に一段低い山並みが見られる。その中でひときわ目立つのが有明山(標高2,268m)である(写真8-1)。有明山は、山全体がご神体で山麓の安曇野市有明に本宮(里宮)を構え、山頂部に奥大宮を持つ、山岳信仰の神社である。主祭神には、岩戸隠れ伝説に登場する天照大神(アマテラスオオミカミ)や天手力雄命(アメノタヂカラオノミコト)、八意思兼命(ヤゴコロオモイカネノミコト)がおり、奥大宮に向かう参道(登山道)の途中、馬羅尾地区には「天の岩戸岩」もある。修験の山である。その有明山北側を流れる芦間川源流部にあがりこ型樹形のサワラの林がある。

松川村から芦間川を遡り、林道の終点から渓流沿いに延びる登山道周辺にはサワラ林とカラマツの人工林が断続的に続く。サワラ林の中に、奇妙な形をしたサワラの巨木が見られる。この巨木林を最初に紹介してくれたのは、本書の冒頭に登場した穂高町在住の河守豊滋氏である。その後、この巨木林に私と菊地賢君が本格的な調査に入ったのは、2007年7月である(後に金指あや子さんも共同研究者として加わる)。

**写真8-1　長野県安曇野市有明地区から見た有明山**　地域の信仰の山である。山麓部には、あがりこ型樹形のサワラ林が見られる。

芦間川源流域のサワラは、標高1,000～1,400mの渓流沿いの段丘上および谷壁斜面下部に広く分布している。この地域にあったと見られる広葉樹林については、戦後の拡大造林期に伐採され、カラマツの造林地へと転換されている。しかし、このサワラ林は伐採を免れたようで、土壌の薄い大小の岩石が堆積するガレ場を中心に分布する。その中に、地上2～3mの位置で枝分かれしたサワラの巨木が点在していた(写真8-2)。情報を聞きつけて当地を訪ねた際には、こうしたサワラの巨木、奇木が自然のものと考えており、人の関与があったとの確証はなかった。

調査は、長野県松川村内の馬羅尾国有林（中信森林管理署管内）の、芦間川に沿い標高1,030～1,240mにある有明山登山道周辺のサワラ林4林分で行った。調査地内には、多数の台伐り萌芽由来と見られる樹形のサワラが分布しており、これらのサワラ個体を含む形で、500～600㎡の方形区(調査区：松川1～4)を設け、区内に出現する胸高直径5㎝以上の立木について、樹種名と胸高直径を測定、記録した。また、あがりこ型樹形の代表的な個体については、その樹形をスケッチするとともに、台伐り高、およびそこから発生した萌芽幹について、根元径を測定、記録し、さらに元株および萌芽幹のいくつかについて、成長錐を用いてコアを採取し、年輪数を数えて、幹齢を推定した。

その結果、4林分の幹密度は、380～850本/haと区ごとに大きく異なった。低標高に位置する松川1、2区では、サワラが幹密度で60%を占めたのに対し、より標高の高い松川3、4区では、全体の35%前後と低かった。林分全体の胸高断面積合計も110～270㎡/haと調査区によって異なった。しかし、各林分の胸高断面積合計のうち90%前後をサワラが占め、幹密度では少ない松川3、4区を含めすべてサワラが優占する林分といえた(表8-1)。

胸高断面積合計に占めるあがりこ型樹形のサワラの割合は、73～94%と高い値を示した。本数密度は61.6～193.0本/haと、総本数の19.0～66.7%だった。当地のサワラ林は、総じてサイズの小さな単幹のサワラ林分の中に、大径のあがりこ型樹形のサワラが散在する構造であるが、あがりこ型樹形の密度が高い林分(松川3区)も存在し、ここの断面積合計は253㎡/haと他に比べて大きかった。

林分内に出現した樹種は5～13種で、標高の高い松川3、4区で多かった。いずれの調査区でも、サワラが卓越して優占したが、松川1区はホオノキ、ウダイカンバ、松川2区はサワグルミ、松川3区はミズメ、松川4区はウダイカンバがそれに次いだ。サワグルミ、ミズメ、ウダイカンバは、下部谷壁斜面の崩壊地に成立する森林群集で、当地の森林を特徴づけていた(表8-2)。

**写真8-2　あがりこ型樹形のサワラ林(長野県松川村馬羅尾国有林)**

胸高直径階分布を見ても大きなサイズにあがりこ型樹形のサワラが少数分布し、小さなサイズに単幹のサワラと広葉樹が分布し、サイズが大きくなるにしたがって幹数が少なくなるL字型分布であった(図8-1)。あがりこ型樹形のサワラは、胸高直径の最小サイズは52.8cmで、最大は194.8cmであった。全体を平均したあがりこ型樹形の胸高直径は、119.7 ± 38.0cmであった。

あがりこ型樹形サワラの台伐り位置とその段数は、個体によって異なったが、最大で四段の台伐り跡が見られた。第一段の多くは、地上1～3mの位置に見られたが、最大で地上6mだった。二段目以降は段が上がるごとに台伐り位置が2～3mの間隔で上昇し、最も高い台伐り位置は、地上8mの位置にあった（図8-2)。第一段目の台伐り位置から枝分かれした主幹は、4～5本程度で、その上の台伐り位置から1～2本の側枝幹(立条幹)が立ち上がっていた。1株(個体)あたりの立条幹の数は、2～8本で、平均は4.4本であった。サンプルを選んで調査した11個体のあがりこ型樹形のサワラにおける立条幹の直径サイズを見ると、第一段目の台伐り位置から発生している立条

**表8-1　調査区の林分概況**

| 調査区No. | 標高(m) | 方位 | 傾斜(°) | 調査区面積(㎡) | 幹密度(本/ha) | | 断面積合計(m²/ha) | |
|---|---|---|---|---|---|---|---|---|
| | | | | | 全種 | サワラ | 全種 | サワラ |
| 1 | 1040 | N10°E | 25 | 543.9 | 570.1 | 349.4（61.3%） | 147.5 | 137.3（93.1%） |
| 2 | 1070 | N10°W | 25 | 679.7 | 382.5 | 235.4（61.5%） | 161.2 | 151.2（93.8%） |
| 3 | 1120 | S80°E | 5 | 518.0 | 849.2 | 289.5（34.1%） | 271.7 | 253.1（93.2%） |
| 4 | 1220 | N70°E | 30 | 649.5 | 847.0 | 323.4（38.2%） | 110.2 | 98.6（89.5%） |

（　）内は林分全体に対する割合

**表8-2　各調査区の群集組成**

| 調査区No. | 1 | | 2 | | 3 | | 4 | |
|---|---|---|---|---|---|---|---|---|
| 樹種名 | 幹密度(本/ha) | 断面積(m²/ha) | 幹密度(本/ha) | 断面積(m²/ha) | 幹密度(本/ha) | 断面積(m²/ha) | 幹密度(本/ha) | 断面積(m²/ha) |
| サワラ | 349.4 | 137.3 | 235.4 | 151.2 | 289.5 | 253.1 | 323.4 | 98.6 |
| ミズメ | 55.2 | 1.1 | 14.7 | 0.7 | 19.3 | 11.4 | 30.8 | 0.8 |
| ミズナラ | | | 14.7 | 0.3 | 96.5 | 3.4 | 15.4 | 0.4 |
| ウワミズザクラ | | | 14.7 | 0.9 | 38.6 | 0.8 | 15.4 | 0.1 |
| コハウチワカエデ | | | 14.7 | 0.5 | 19.3 | 0.1 | 15.4 | 0.0 |
| サワグルミ | | | 29.4 | 5.4 | | | 30.8 | 2.3 |
| ウダイカンバ | 36.8 | 3.6 | | | | | 77.0 | 4.0 |
| アオダモ | | | 44.1 | 1.5 | 38.6 | 0.2 | | |
| コミネカエデ | | | | | 38.6 | 0.3 | 61.6 | 0.8 |
| ホオノキ | 36.8 | 4.1 | | | | | | |
| ヒトツバカエデ | 92.0 | 1.4 | | | | | | |
| キハダ | | | | | | | 46.2 | 1.0 |
| ミヤマアオダモ | | | | | | | 107.8 | 0.9 |
| ダケカンバ | | | 14.7 | 0.7 | | | | |
| オガラバナ | | | | | | | 61.6 | 0.7 |
| クリ | | | | | 19.3 | 0.6 | | |
| コシアブラ | | | | | 57.9 | 0.5 | | |
| アサノハカエデ | | | | | | | 61.6 | 0.4 |
| ヒナウチワカエデ | | | | | 38.6 | 0.4 | | |
| リョウブ | | | | | 96.5 | 0.4 | | |
| オオカメノキ | | | | | 77.2 | 0.4 | | |
| アオハダ | | | | | 19.3 | 0.0 | | |
| 種　数 | 5 | | 8 | | 13 | | 12 | |
| 合　計 | 570.1 | 147.5 | 382.5 | 161.2 | 849.2 | 271.7 | 847.0 | 110.2 |

幹は、元株の胸高直径(100 ～ 170cm)よりも小さい10 ～ 90cmの範囲で、平均55.7 ± 25.9cmであった。さらに、第二段目の台伐り位置から発生した立条幹は5 ～ 50cmの範囲で、平均29.9 ± 14.9cmとさらに細かった(図8-3)。

立条幹の発生時期を幹の齢から解析してみた。これは通常、幹に成長錐というドリル状のものを挿し込んで材部を採取し、年輪数やその間の成長経過を調べる方法がとられる。しかし、幹が太

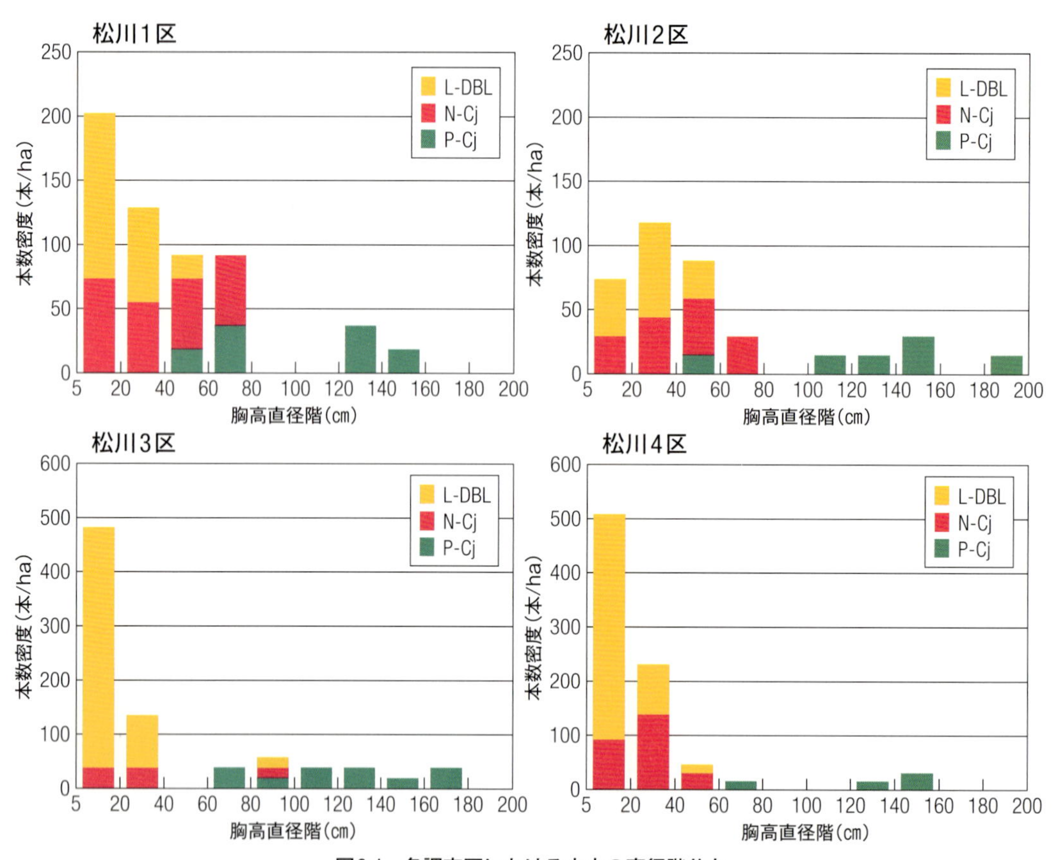


**図8-1　各調査区における立木の直径階分布**

L-DBL：落葉広葉樹，N-Cj：単幹のサワラ，P-Cj：あがりこ型樹形のサワラ

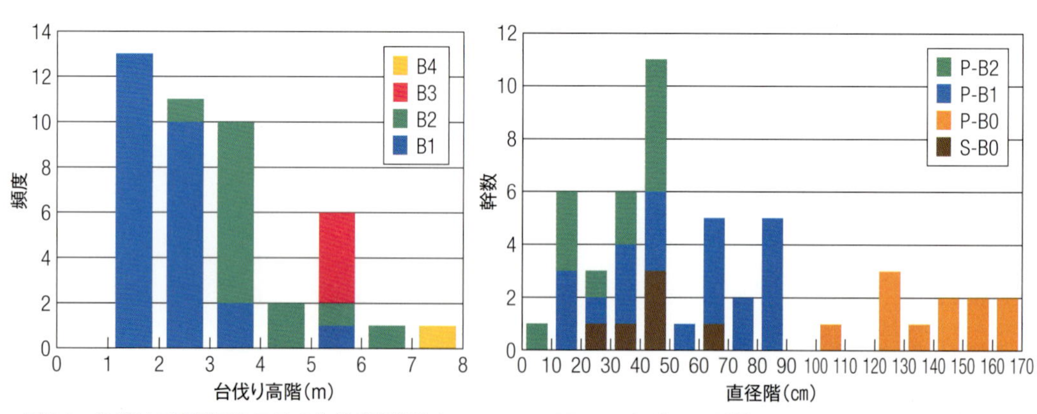


**図8-2　あがりこ型樹形サワラの台伐り高階分布**

B1：一段目の台伐り，B2：二段目の台伐り，
B3：三段目の台伐り，B4：四段目の台伐り

**図8-3　あがりこ型樹形サワラの元幹および各台伐り位置からの立条幹の直径階分布**

S-B0：単幹の元幹，P-B0：あがりこ型樹形の元幹，P-B1：一段目の台伐り位置からの立条幹，P-B2：二段目の台伐り位置からの立条幹

い場合は、成長錐の長さが足りずに幹の中心部に届かないことや、十分届く太さであっても、材の中心が見えないため、成長錐を挿してみても材の中心を貫くのは至難の業である。成長錐による成長解析では、おおよその齢を推定し、肥大成長の傾向を知る程度ではあるが、立木を伐採せずに推定できる唯一の方法であるため、今回も成長錐で解析した。

その結果、元株では幹の中心部には達しなかったものの82～117の年輪数が確認できた。元株については、樹齢の推定ができなかったが、樹齢が少なくともこれ以上であることはわかった。次に第一段目の台伐り位置からの立条幹(主軸化した側枝)は、79～161年生と推定された。さらに第二段目の台伐り位置では84～124年生と推定された。この結果から台伐り後の立条幹は80～90年にモードを持つ一山型の分布を示し、最小は70年生、最大で161年生以上であった。さらに台伐り高と幹齢に明瞭な差は認められなかった(図8-4)。加えて立条幹と通常の単幹のサワラの樹齢も変わらなかった(図8-5)。このことから、台伐りからの立条幹の伐採は、台伐り位置とは無関係に、周辺に生育する立木の伐採とあわせて行われていたことが示唆された。

今回の結果ではあがりこ型樹形木本体の樹齢を推定することはできなかったが、成長錐で採取したコアの解析から肥大成長の経過を知ることができる。1個体(No.866)を事例として、解析を

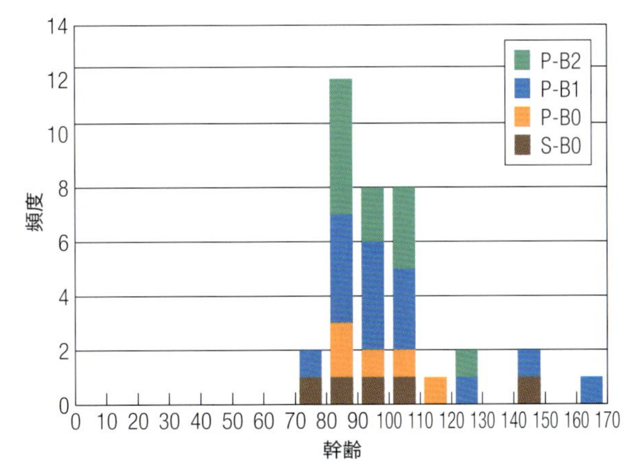


**図8-4 あがりこ型樹形サワラにおける各立条幹の齢構成**
S-B0：単幹の元幹，P-B0：あがりこ型樹形の元幹，
P-B1：一段目の台伐り位置からの立条幹，P-B2：二段目の台伐り位置からの立条幹

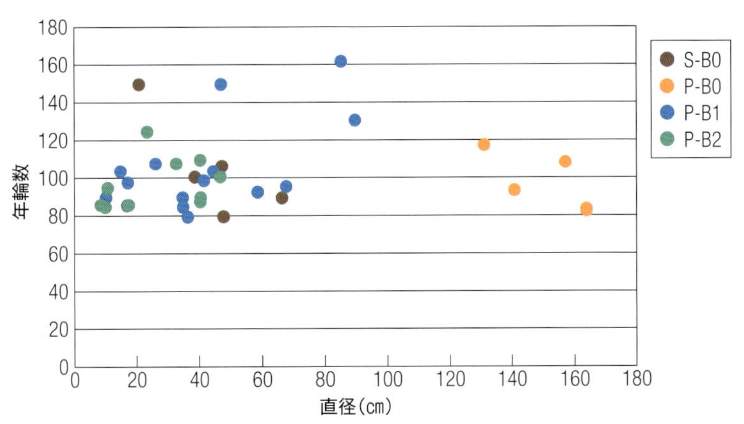


**図8-5 あがりこ型樹形サワラおよび単幹サワラにおける各立条幹のサイズと齢との関係**
S-B0：単幹の元幹，P-B0：あがりこ型樹形の元幹，
P-B1：一段目の台伐り位置からの立条幹，P-B2：二段目の台伐り位置からの立条幹

試みた(図8-6)。

まず、元幹の肥大成長の経過を見ると、年輪幅が読み取れる75 ～ 80年前の期間成長が26㎜と最も大きく、その後、直近の5年間の4㎜ /5yrs.まで漸次減少傾向を示した。第一段目の台伐り位置から発生した立条幹(No.393)については、過去160年間の成長経過を読み取ることができ、110 ～ 130年前の時期に10㎜ /5yrs.以上の肥大成長のピークが見られた。第二段目の台伐り位置から発生した立条幹(No.398)については、過去140年間の成長経過が読み取れるが、こちらも第一段目からの立条幹同様110年前の時期に14㎜ /5yrs.以上の肥大成長のピークが見られ、その後50年前まで漸減したが、最近は増加傾向にある。次に第三段目からの立条幹(No.397)だが、これは100年前に発生したものであり、発生後の30年間は8 ～ 10㎜ /5yrs.の肥大成長が見られたが、その後漸減し、現在は2㎜ /5yrs.以下となっている。こうした5年間の期間成長量をその前5年間の期間成長量で割ったRG (成長量比)は、成長の増減傾向を示すが、これら全体をNo.866の1個体(株)として見た場合には、肥大成長が150 ～ 110年前に増進し、35 ～ 45年前にも、再度増進している(図8-7)。元株は80年間しか採取できなかったため、それ以前はわからないが、同様の傾向があった可能性は高い。

このことから、No.866は、第一段目の側幹が発生した160年前から現在までの間に2度の肥大成長の増進時期がある。これが台伐りとその後の側枝(立条幹)の発生・成長、あるいは台伐りによる林内の光環境の好転による成長促進なのかについては、明らかではないが、元幹で26㎜ /5yrs.という高い値を示したことは、何らかの影響を示唆している。さらに、台風で根返りしたあがりこ型樹形の元幹を解析したところ、一定期間に肥大成長が急激に増大するなどの異常成長が確認されており、台伐りがサワラの巨木化に関係しているのは間違いなさそうである(写真8-3)。

成長錐で採取したコアの読み取り

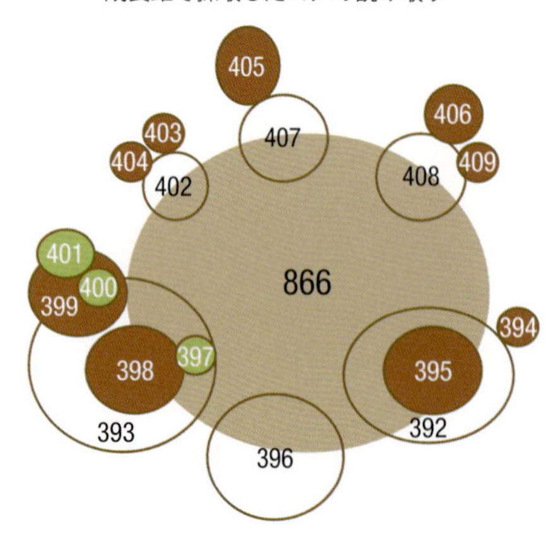


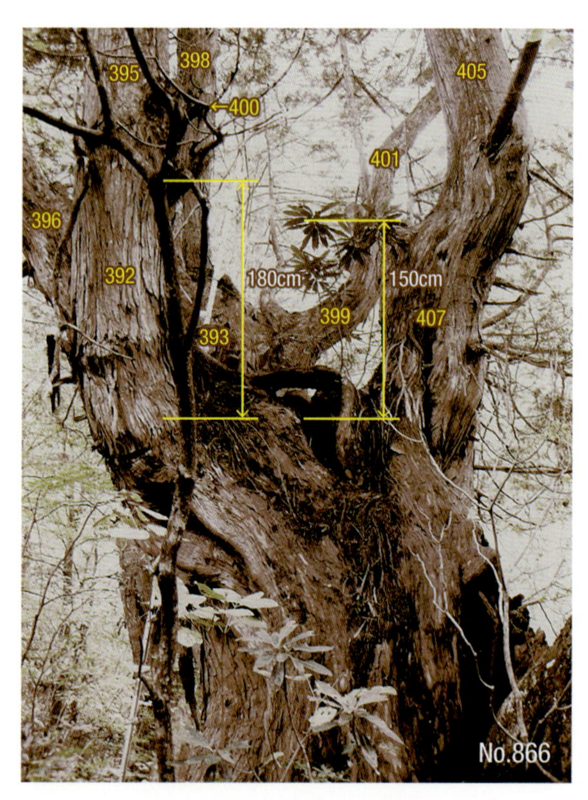


図8-6　あがりこ型樹形サワラの成長解析を行った個体(No.866)の立条幹の配置図

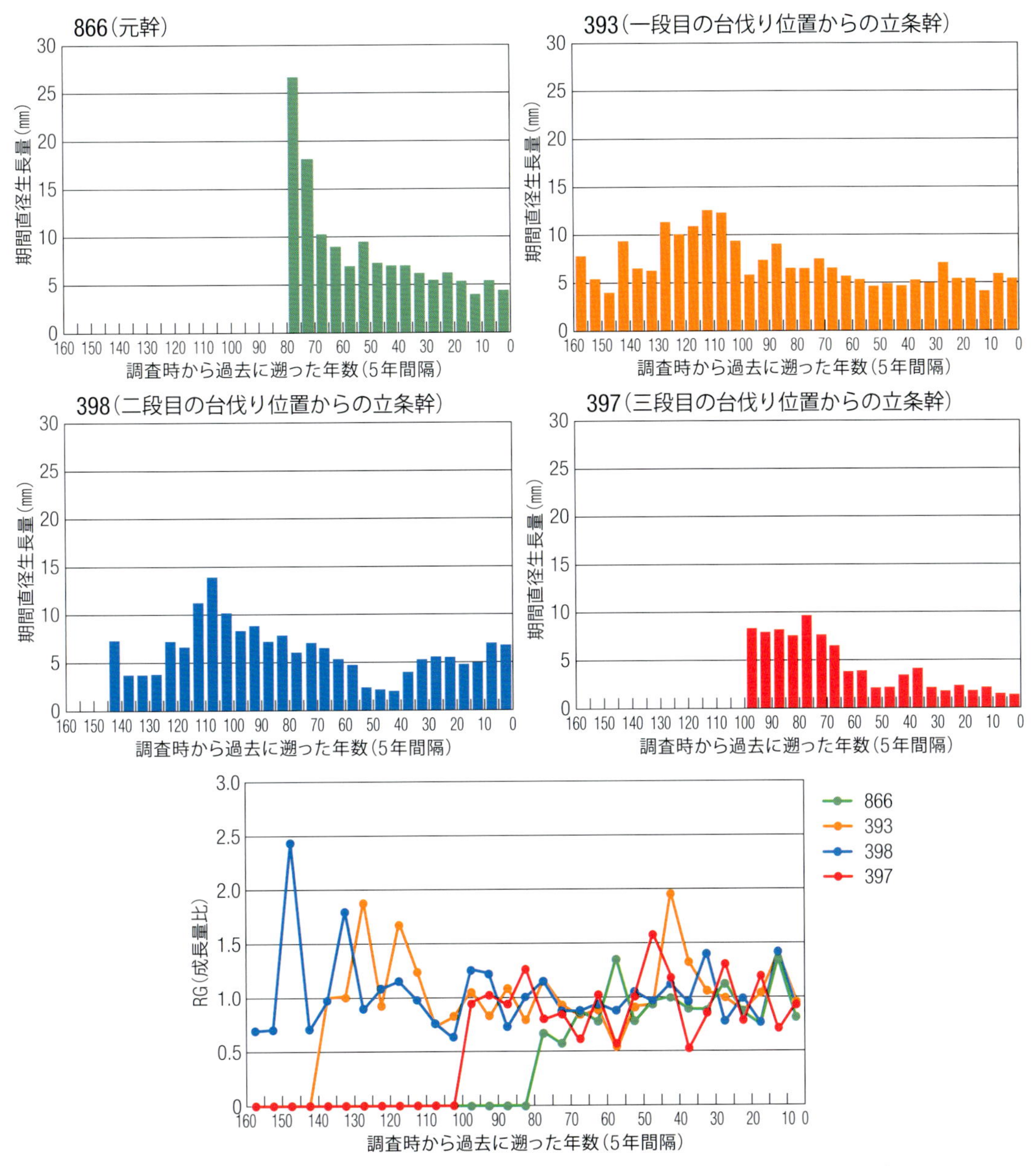


図8-7　あがりこ型樹形個体の発生部位ごとの幹の期間直径成長とRG（成長量比）

写真8-3　台風で根返りしたあがりこ型樹形のサワラより採取した元幹の円盤

## 2. 他地域でも見られるサワラのあがりこ型樹形

台伐りによって形成されたあがりこ型樹形のサワラは珍しいと書いた。しかし、サワラのあがりこ型樹形は他地域でも見られる。あがりこ型樹形のサワラの調査を進めていた時期に行った中部森林管理署の若い職員向けの勉強会で、地元の話題として松川村のサワラ林の紹介を行った。そうすると、しばらくして、有明山周辺を担当する有明森林事務所の百瀬森林官から、松川村のサワラから南に位置する安曇野市穂高有明地区の穂高川の一支流、黒川沢沿いの有明山南登山口周辺にあがりこ型樹形のサワラがあるとの情報がもたらされた。時を同じくして、山梨県森林研究所の研究員、長池卓男君からも山梨市牧丘地区の小烏山にある杣口のサワラ群落もあがりこ型樹形ではないかと知らせてきた。そこで、両林分の調査に入った。

有明山南登山口周辺のサワラ林は、前項で紹介した芦間川源流域と同じ渓流沿いの大小の花崗岩からなる河床堆積地で、その岩石地の上にあがりこ型樹形のサワラが存在していた(写真8-4)。林分の面積は、松川村芦間川源流部ほど広くはなく、せいぜい数haといったところであった。ここでも調査区を1区設け、松川と同様の調査を行った。

山梨県山梨市の杣口のサワラ林は、山梨市牧丘町の小烏山の山腹、標高1,100 ～ 1,400m付近にある天然林だった(写真8-5)。この地方としては、天然のサワラ林は珍しいことから山梨県の学術参考林に指定されている。サワラ林の成立する林地環境は、傾斜が20度ほどの平衡斜面で、林床には大小の安山岩が堆積するガレ場であった。そうした岩石地の上にサワラ林が生育しているのだが、その姿は、正しく松川のサワラとそっくりであった。このサワラは、山梨県内では巨木林として知られており、長池君も興味を持ち、調査を考えていたようだが、先に失礼して調査をさせてもらった。ただし、この林の価値・評価はあくまでも天然のサワラ林であり、この林分が人の手が加わったいわゆるあがりこ型樹形のであるとの認識は持たれていなかったようである。

これら2か所の調査結果については、先に紹介した松川のあがりこ林と類似し重複するところも多い。しかし、事例として紹介することで、後のあがりこ型樹形のサワラの成立過程やその社会的な背景を考察する上で、参考になると思われる。

まず、黒川沢(有明山)、杣口(小烏山)両林分の上木の群集組成を見てみると、両区ともサワラの本数密度、胸高断面積合計が全体に占める割合は圧倒的に高く、卓越して優占していた。樹種の構成では、コメツガ、コハウチワカエデが共通するが、他は全く共通しなかった(表8-3)。しか

写真8-4　有明山南登山口にある
あがりこ型樹形のサワラ林

写真8-5　山梨県小烏山山腹斜面にある
あがりこ型樹形のサワラ林

し、有明山と先の芦間川(松川)のサワラ林については、両者が同じ有明山の山塊にあることから群集組成上の共通性は高かった。長野県の有明山と山梨県の小烏山とは、直線距離にして100km離れ、北アルプスと秩父山地との山岳域違い、花崗岩と安山岩と、地質構造が異なることが、その背景として考えられる。

次に、立木の胸高直径は、大きなサイズにサワラが、小さなサイズにその他樹種が見られ、どちらも二山型だった。サワラだけを見ても、台伐り由来のあがりこ型樹形が大きなサイズで、単幹が小さいという二山型を示した(図8-8)。有明山におけるあがりこ型樹形のサワラの最小、最大サイズは36.8cmと135.8cm、その平均が78.6cm。小烏山では21.0cmと123.8cmで、平均77.8cmと、両者に差は認められなかった。

あがりこ型樹形のサワラは、両区とも、台伐り跡が二段見られたが、小烏山では、あがりこの78.5%が一段の台伐りで、有明山では50%が二段の台伐りであった。台伐り位置の高さは、有明山では第一段目が地上0.5〜2.5mにあるのに対し、小烏山では1.5〜4.0mと小烏山が高かった。第

**表8-3　あがりこ型樹形を持つ2林分の群集構造**

| 樹種名 | 有明山 | | 小烏山 | |
|---|---|---|---|---|
| | 本数密度(本/ha) | 胸高断面積($m^2$/ha) | 本数密度(本/ha) | 胸高断面積($m^2$/ha) |
| サワラ | 330.6 | 149.87 | 425.0 | 172.78 |
| ミズナラ | 17.4 | 6.92 | | |
| クリ | 34.8 | 3.36 | | |
| ホオノキ | 17.4 | 1.78 | | |
| ソヨゴ | 34.8 | 0.28 | | |
| コメツガ | 34.8 | 0.22 | 17.0 | 0.32 |
| タカノツメ | 17.4 | 0.19 | | |
| ウラジロモミ | 17.4 | 0.07 | | |
| コハウチワカエデ | 17.4 | 0.04 | 17.0 | 0.14 |
| アオハダ | | | 17.0 | 0.06 |
| アサノハカエデ | | | 17.0 | 0.06 |
| ミヤマアオダモ | | | 34.0 | 0.07 |
| リョウブ | | | 68.0 | 0.16 |
| 合　計 | 522.0 | 162.73 | 595.0 | 173.60 |

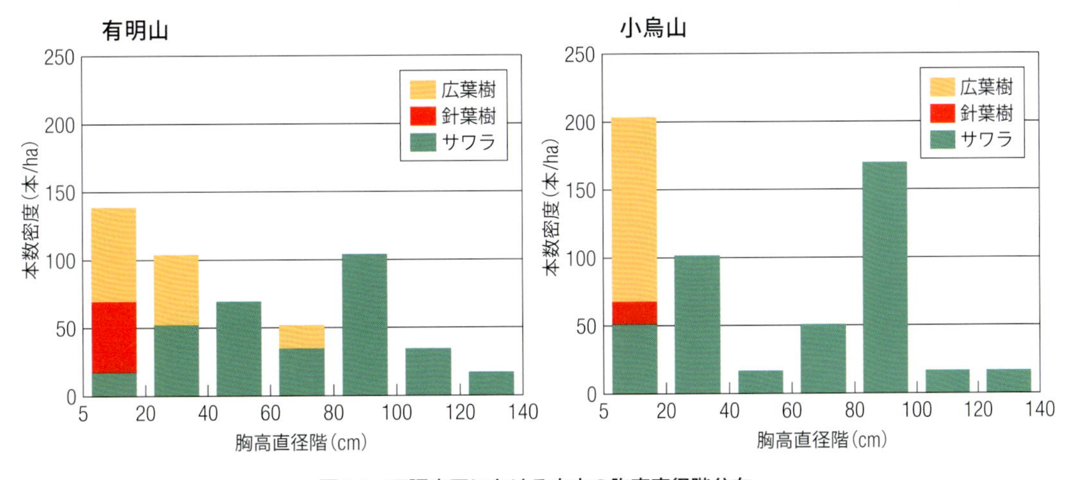


**図8-8　両調査区における立木の胸高直径階分布**

二段目の台伐り高は、第一段のおよそ1～2m上にあり、有明山が2.5～4.0m、小烏山が3～4mと一段目と同様に小烏山が高かった(図8-9)。1株(個体)あたりの立条幹数は、有明山が1～8本(平均4.6本)であり、小烏山が1～6本(平均2.6本)であった(図8-10)。そして、その平均直径は、有明山が26.5 ± 12.7cmであり、小烏山が34.7 ± 15.5cm であった(図8-11)。

両地区の幹齢であるが、元幹の樹齢はサイズが大きいため、中心部までのコアが採取できず、推

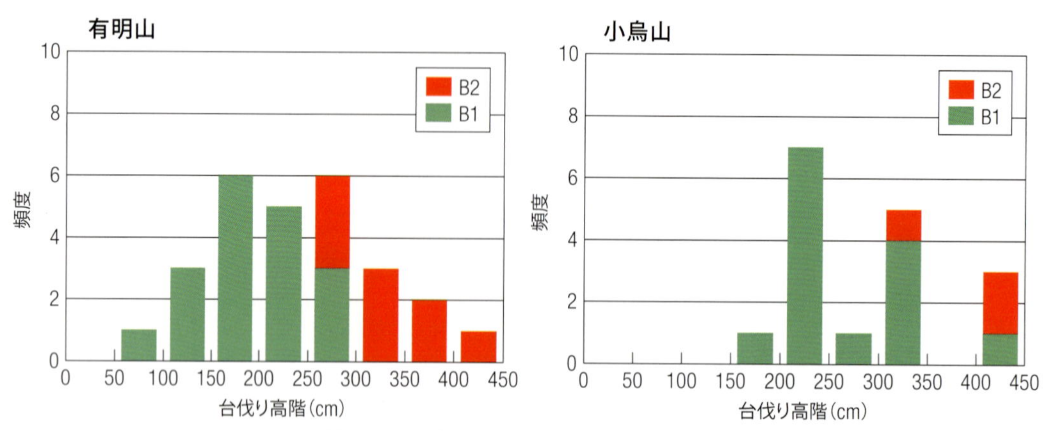


**図8-9 両調査区における台伐り高階の分布**

B1：一段目，B2：二段目

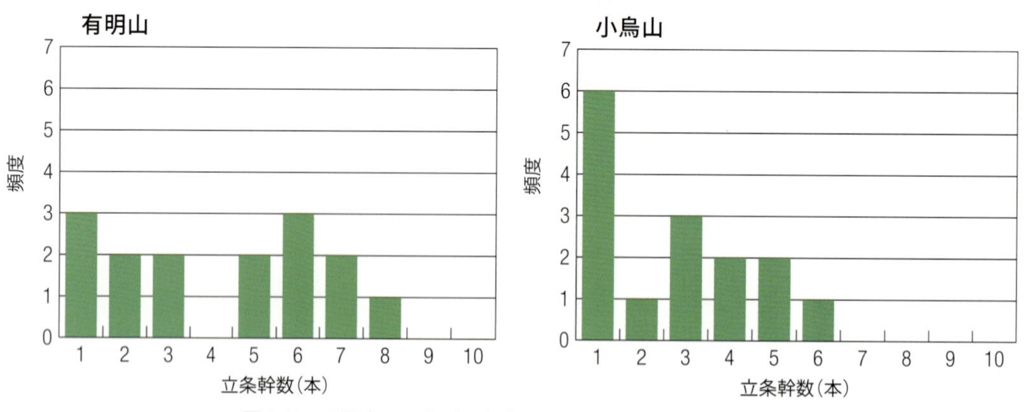


**図8-10 両調査区における個体あたりの立条幹数の頻度分布**

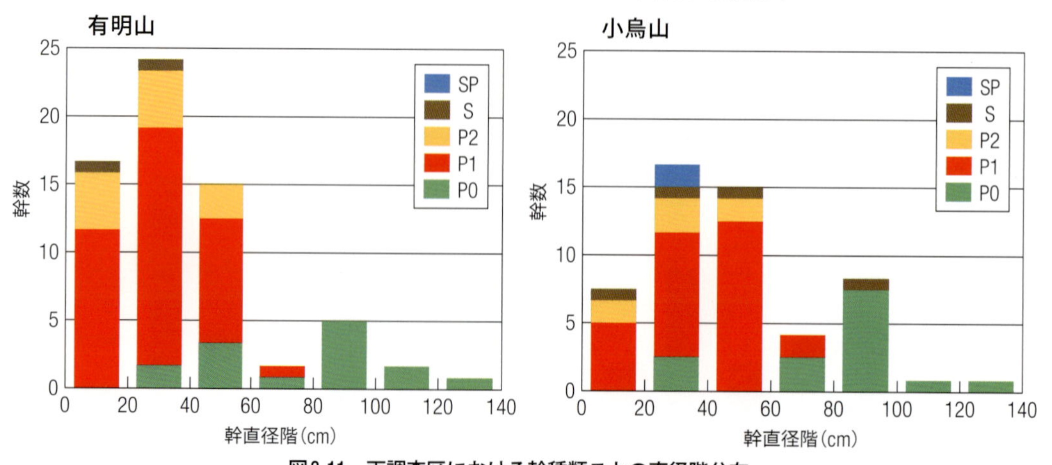


**図8-11 両調査区における幹種類ごとの直径階分布**

P0：元幹，P1：一段目，P2：二段目，SP：萌芽，S：単幹

定することができなかった。採取されたコアの年輪数から、有明山は少なくとも200年以上、小烏山では150年以上であった。台伐り位置から成長した立条幹については、芯まで到達したコアが採取され、それによると有明山では、88～130年生であり、小烏山では96～124年生で、台伐り位置による差は見られなかった(図8-12)。幹サイズと幹齢の関係を見てみると、両林分ともあがりこ型樹形のサワラの幹齢は、若いものでも50年以上で、立条幹の幹齢は50～130年の範囲にあり、台伐り位置とは明瞭な関係が見られなかった(図8-13)。萌芽幹の肥大成長は、両林分とも、台伐り後に大きな値を示すが、その後減少する。一方、元幹は、立条幹の成長に伴い増大し、その後も大きな値を示し続ける(図8-14；8-15)。これは立条幹発生後の樹体の維持を図るための異常成長と見られ、これがあがりこ型樹形の形成につながっていると考えられた。

その後、あがりこ型樹形のサワラが、伊那市西春近の権現山山中に存在するとの情報が長野県林業総合センターの小山泰弘君からももたらされた(写真8-6)。小山君は未発表ながら簡単な報告書をまとめている。それによれば、ここのあがりこ型樹形木は、先の2箇所とは少しばかり様相を異にしているようだ。林分は、サワラやネズコ、コメツガの針葉樹の他、ミズナラやホオノキなどの広葉樹が混じる針広混交林である。その中に、あがりこ型樹形のサワラが見られるが、その台伐り位置は0.5～1.0mと低く、すべて一段であり、繰り返し伐採、利用された痕跡も見られ

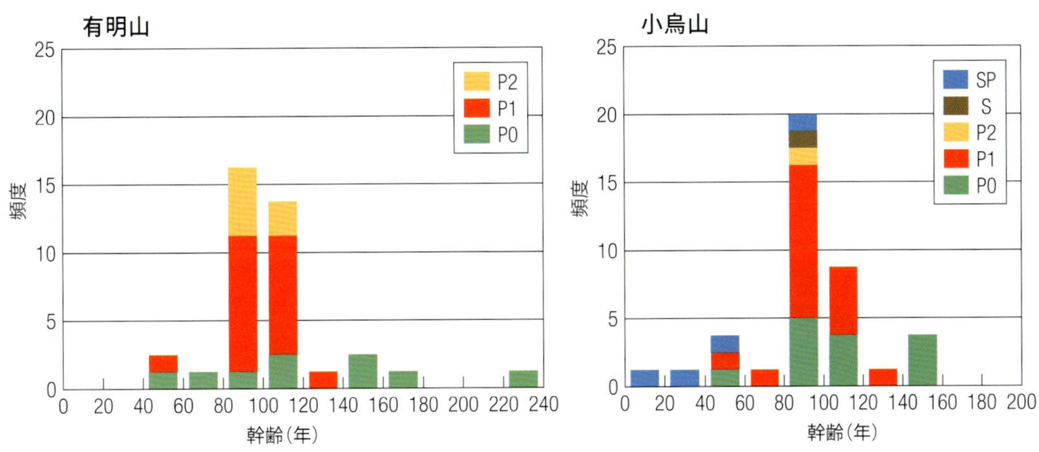


**図8-12　両調査区における幹種類ごとの齢級階分布**

P0：元幹，P1：一段目，P2：二段目，SP：萌芽，S：単幹

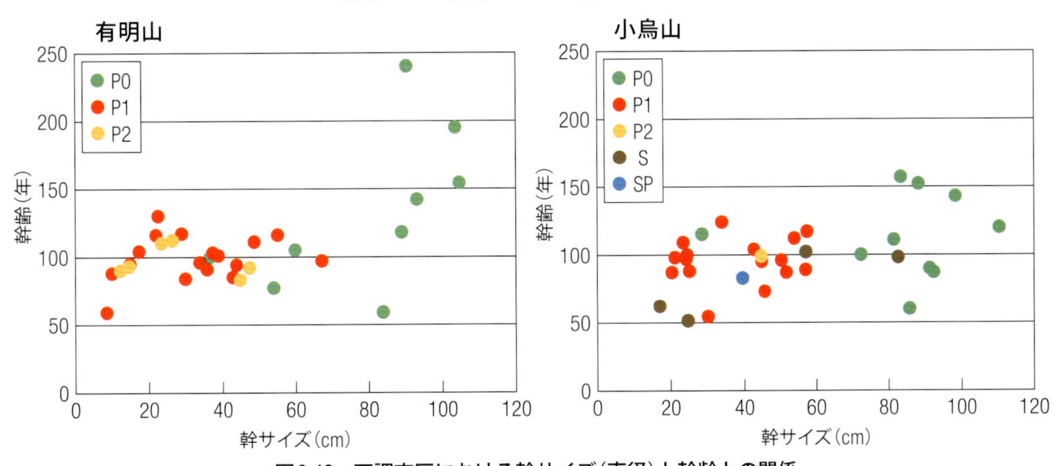


**図8-13　両調査区における幹サイズ(直径)と幹齢との関係**

P0：元幹，P1：一段目，P2：二段目，SP：萌芽，S：単幹

ない。また、ネズコやブナをはじめ林分内の多くの樹木で、あがりこ型樹形が見られるところから、サワラを選択的に利用するというより、冬季、一時的に雪上伐採を行い、燃料材として利用した結果生み出されたのではないかと小山君は結論付けている。機会があれば、一度現地を見てみたいと考えている。

写真8-6　長野県伊那市権現山山頂付近のあがりこ型樹形サワラ林〈小山泰弘氏提供〉

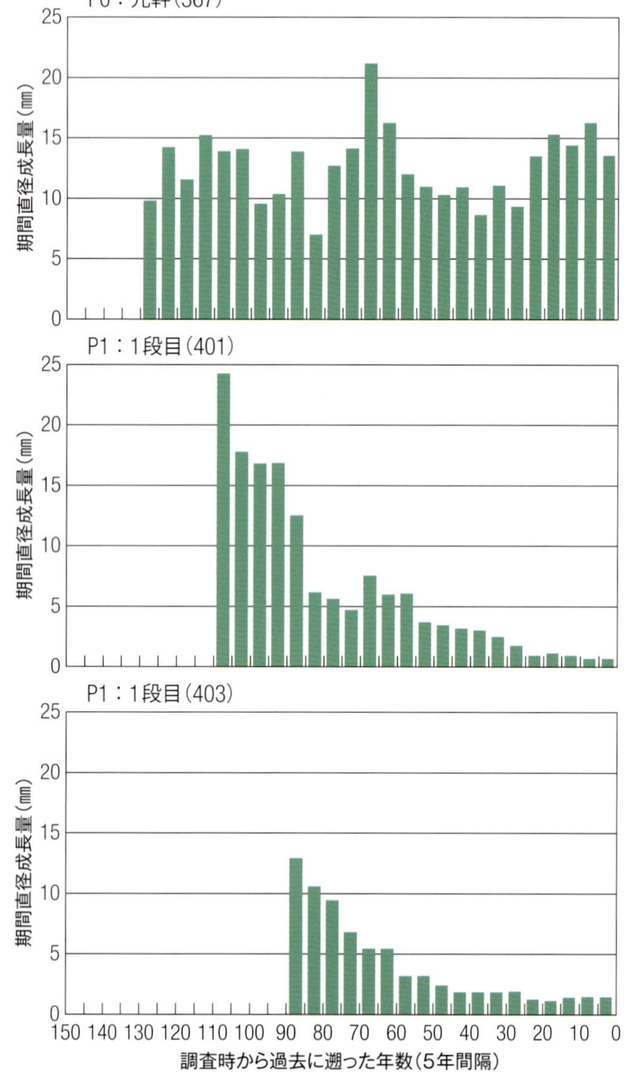


**図8-14　有明山におけるあがりこ型樹形個体の肥大成長（左の写真は調査個体）**　番号は幹の識別番号を示す。

こうなると中部地域を中心にサワラが天然分布する地域で、さらに同様の情報がもたらされる可能性が出てきた。そこに共通する現象を把握することで、あがりこ型樹形の形成と利用が明らかにされる可能性もある。しかし、その存在が地域的に限定されるものであるとすれば、そこには、その地域特有の社会経済的な背景があるのかもしれない。

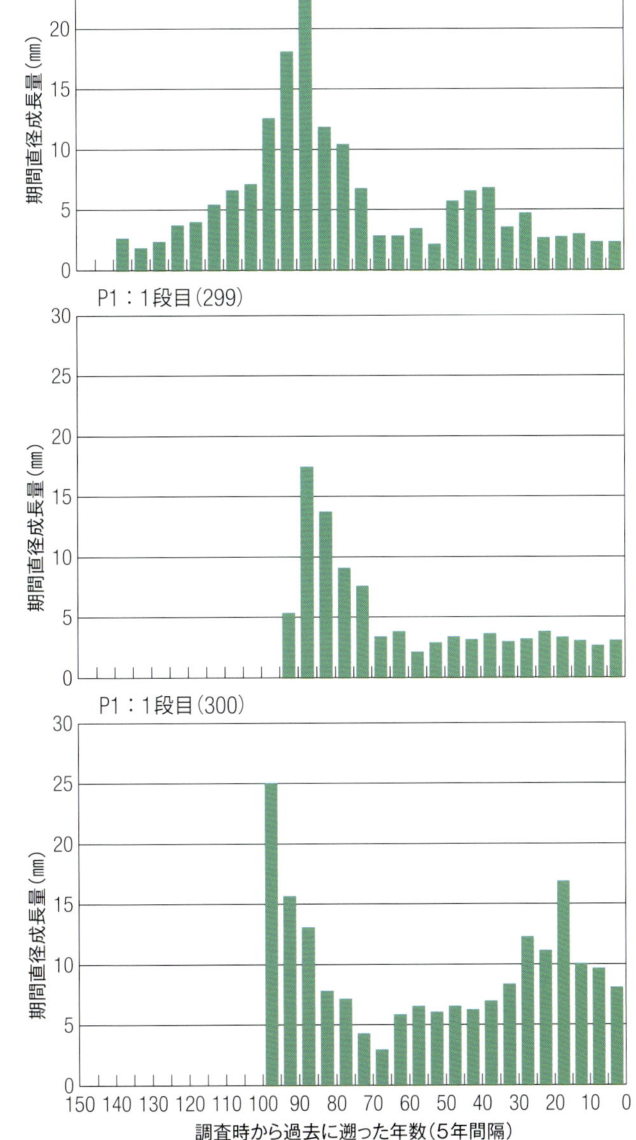


**図8-15　小烏山におけるあがりこ型樹形個体の肥大成長**
**(左の写真は調査個体)**　番号は幹の識別番号を示す。

## 3. サワラのあがりこ型樹形の形成過程

ヒノキ科ヒノキ属に属するサワラは、日本列島の中部山岳地帯を中心に分布する針葉樹である(図8-16)。北限は、岩手県の早池峰山付近とされているが、これは植林地の北限であり、根拠が乏しい。ヒノキ属の研究をしている山本進一氏(岡山大学・名古屋大学名誉教授)は、福島県南部を北限と見ているようだ。

同じヒノキ属であるヒノキが尾根部を中心に分布するのに対し、サワラはやや湿性の斜面下部に分布するという違いが見られる。また、ヒノキに比して成長が早いが、材部が柔らかいという特徴を持つ(村山、2013)。サワラの寿命や成長については、今から300年ほど前の藩政時代に天然

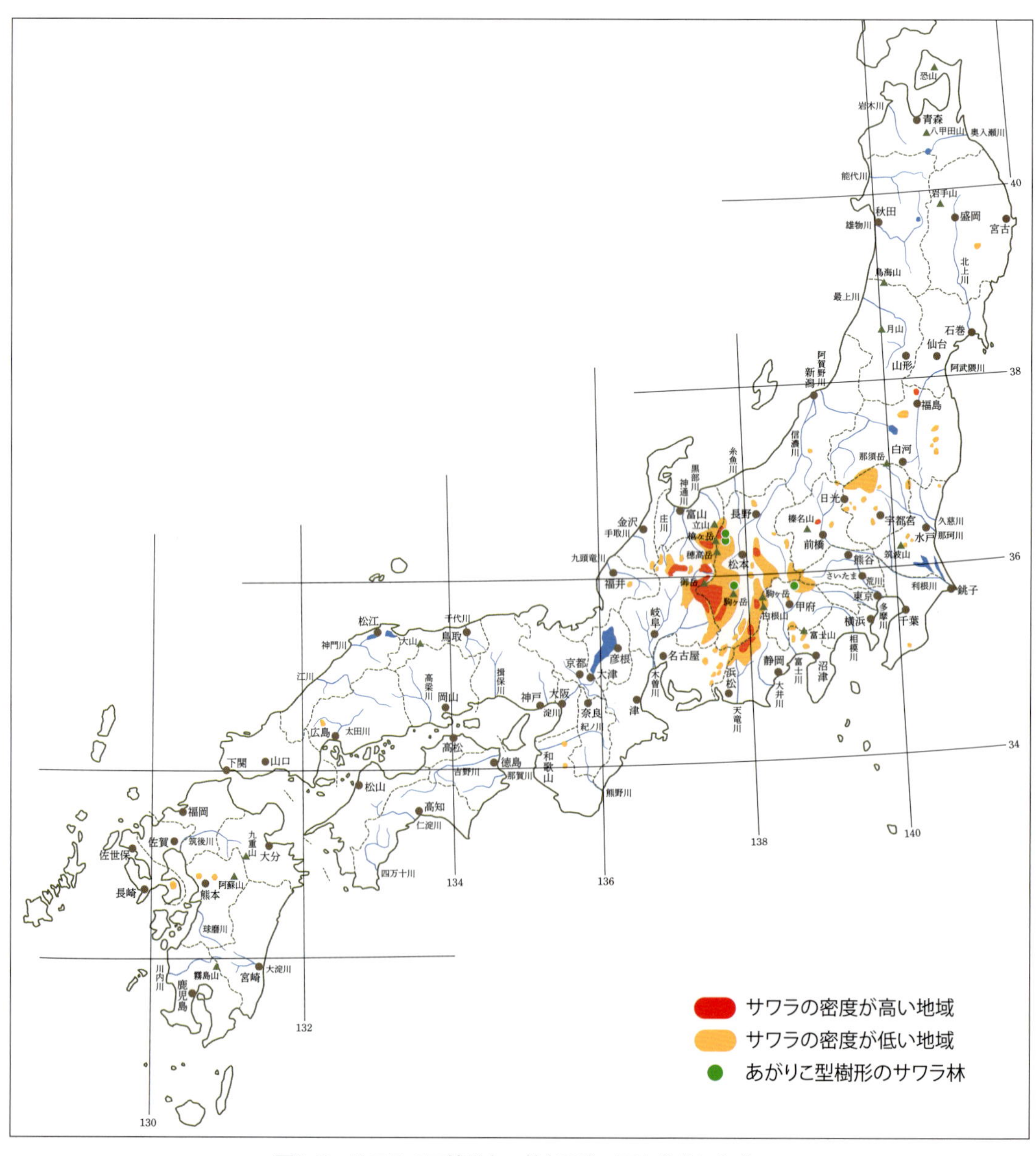


図8-16 サワラの天然分布 林(1960)の図を参考に作成。

林がほぼ伐り尽くされ、今日残っている林分は、その後の再生林（とは言え300年生）であることから、はっきりしない。現存するサワラの巨木は福島県南部から関東甲信越に点在し（林、1960）、胸高直径は2～3mに及び、樹高は40mを超える（北村・村田、1979）。最も大きなサワラは、福島県いわき市の川前町上尻沢にある「尻沢の大ヒノキ」と呼ばれているサワラで、胸高周囲10m、樹高29m、推定樹齢800年とされ、国の天然記念物に指定されている（宮、2013）。

現在、天然生のサワラ林が残されている木曽地方には、木曽町御岳の若宮神社（御嶽神社の里宮の一つ）に「若宮のサワラ」がある。胸高周囲7.2m、樹高45m、推定樹齢1,000年で、町の天然記念物の指定を受けている（宮、2013）。こうしたことから、サワラは巨木化する針葉樹であるが、成長が早いことから樹齢については、300年を超えて生きられるとしか言えない。

このサワラ、同じヒノキ属でありながら、ヒノキと比べると材質が柔らかく、腐朽しやすいなど構造材としては利用面で劣る。反面、耐水性が高いことなどから風呂桶や盥(たらい)、お櫃(ひつ)などに利用された他、指物などの材料にもなり、木場板などとしても使われてきた（村山、2013）。強靭かつ重厚なヒノキが権力の象徴的な建築物として使われた半面、サワラは日常品の材料として用いられてきたと言ってよい。

同じ針葉樹であるスギについては、ウラスギ系を中心に伏条による繁殖や立条性の生態学的特徴が、株スギや台スギなどとして報告され、第7章で紹介したように利用されている。しかし、こうした萌芽性の報告はサワラにはない。長野県有明山の山麓部（松川）に見られるサワラの台伐りにより形成された樹形は、初めての報告（鈴木ら、2008）であり、大変珍しい。サワラは、ヒノキ同様、主幹が伐られた場合、通常、その部分から萌芽枝が発生することはない。しかし、伐採部分の直下の枝が主軸化し成長する。ヒノキの造林地などで、つる植物によって主幹が失われた場合などによく見られる現象である（写真8-7）。

有明山山麓部（松川と有明山）に見られるあがりこ型樹形も、主幹の台伐り時に直下の枝が主幹

**写真8-7　ヒノキのつる被害による主幹の交代**
写真左：幹折れ、写真右：幹曲がり、二股・三股

化して形成されたものと思われる。この場合、側枝の数によって主幹が複幹化する(写真8-8)。

主幹化し成長した幹は、利用径級に達すると伐採、利用される。サワラは萌芽性がないので、伐採は下枝を残して行わなければならない。下枝を残すことで、側枝が再び成長し、主幹化する。サワラの台伐り萌芽更新は、これを繰り返すことで成り立ち、あがりこ型樹形の形成につながる。しかし、主軸化した複数の幹をすべて伐採、利用してしまうと、同化部(樹冠)の再生が間に合わず、樹体の衰退を招くことになる。実際、あがりこ型樹形のサワラの中には、枯死した株を見ることができる(写真8-9)。したがって、おそらくは複数の主幹の内、数本は“立て木”的に伐り残すものと思われる。この“立て木”は、樹体の維持に貢献するばかりでなく、台伐りを繰り返すことで、側枝が確保できなくなった場合、この“立て木”をより高い位置で台伐りすることにより側枝を確保し、主幹を成長、維持することが可能となる。その極端な例が地上8mもの位置での台伐り跡であろう。こうした繰り返しの結果、現在のサワラのあがりこ型樹形が形成されたものと考えられる。これを簡単に図示すると図8-17のようになる。また、複数の主幹を元株(幹)の上に持つことにより、それを支えるために台伐り部分で肥大化が進み、総じて元幹の巨木化が進んできたと思われる。それは、主幹の肥大成長の経過からも読み取ることができる。

台伐りの背景として、冬期の雪上伐採がよく挙げられる。確かに信州安曇野の山麓部は、積雪が見られるが、2～3mといった多雪地帯ではなく、最大積雪深は1m程度である。そのため、第一段目の台伐り高2～3mというのは、合理的な説明がつかない。台伐り位置の高さを第一義的に決めるものは、主に伐採など作業上の理由によるものと考えられる。さらに、萌芽性を持たないサワラを台伐りによって木材生産を図るためには、どうしても側枝を利用しなければならず、そうした意味で第一段目の台伐りは側枝の上部で伐る必要があり、これも台伐り高を決める要素となる。その後の台伐りでも主幹化する側枝を確保するために、台伐り位置の上昇が生じる。こうして数段の台伐り位置からなるあがりこサワラが形成されてきた。

こうした木材の生産法をどのように定義したらよいのか、実は悩ましい。台スギや株スギの更

まずは、側枝の上部で主幹を伐採する。

側枝が主軸化した後、枝の発生を待って、伐採を繰り返す。

**写真8-8　あがりこ型樹形のサワラの形成過程(仮説)**

新技術についていえば、その萌芽性、立条性を利用した萌芽更新であり、林業的にいえば台伐り萌芽更新(頭木更新)と定義されよう。しかし、サワラは、萌芽性がなく、台伐りによって立ち上がり、主幹化するのは側枝である。いわば芯代わりと呼ぶべき現象である。したがって、スギの立条更新とは明らかに異なる。それでも広い意味で台伐り萌芽更新の一種と定義できるのではないだろうか。

写真8-9　枯死したあがりこ型樹形のサワラ

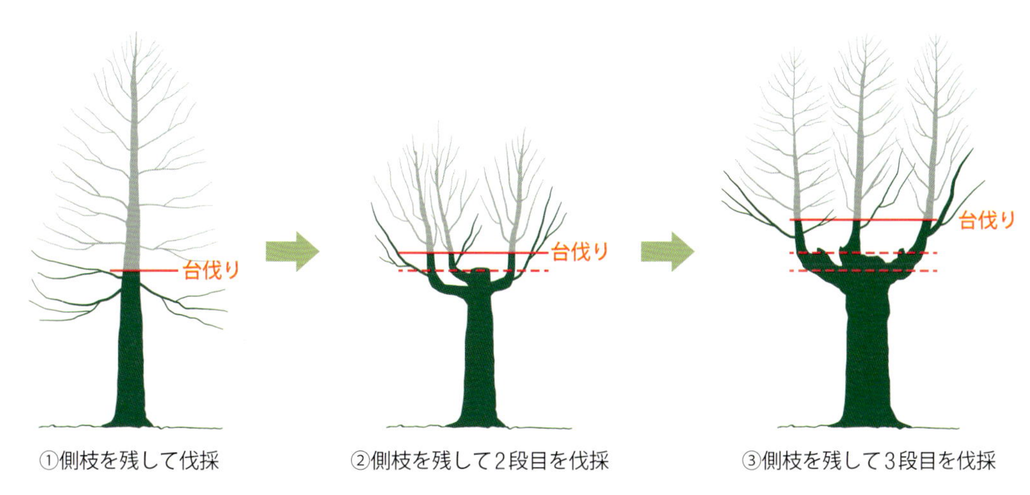


図8-17　あがりこ型樹形のサワラの形成過程を示す模式図

## 4. サワラの台伐り施業の目的と背景

それではどのような目的、理由で台伐り施業が行われたのだろうか？

台伐りの目的は、もちろん木材の生産利用と思われる。しかし、いかなる材の生産を図っていたのかといえば、よくわからない。長野県林業総合センターの小山君に情報収集をお願いしたが、芳しい情報は得られなかった。そこで、現在の調査結果から、その目的と背景に迫ってみたい。

長野県有明山の山麓部にあるあがりこ型樹形のサワラは、北側の松川村と南側の安曇野市有明に分布するが、この両集団は、上木の群集組成上極めて類似し、また松川の一部林分は、小鳥山のあがりこ型樹形のサワラとも類似していた。これは、サワラ天然林の群集組成が類似していることを示している。

あがりこ型樹形のサワラは、松川では最大の胸高直径が190cm台まで見られたが、有明山と小鳥山では、最大でも120～130cm台だった。台伐りの回数についても、松川は、三、四段の台伐りまで認められたが、有明山、小鳥山では二段までしか認められなかった。第一段目は、3集団とも1～2mであったが、最も高い台伐り位置は四段の台伐りが行われた松川で、地上8mに達したが、他は4mに止まった。

株あたりの立条幹数は、松川と有明山がそれぞれ4.4本および4.6本と小鳥山の2.6本より多く、地域差が見られた。元株(元幹)の樹齢は、正確に把握することはできなかったが、有明山は少なく見積もっても200年生、小鳥山は150年生と推定された。一方、台伐り位置から成長した立条幹の幹齢は、有明山および小鳥山では台伐り位置による大きな差は認められず、幹齢はおよそ80～130年生と推定されることから、明治から昭和初期に集中的な伐採、利用が行われたものと思われる。台伐り位置により違いが認められなかったのは、台伐り位置の変更(上昇)が短い間に行われたためと考えられる。一方、最も大きな集団である松川のあがりこ型樹形林分では、台伐り位置により差が認められ、第一段目から成長した太い側枝の幹齢は最大160年生であるのに対し、第二段目からの立条幹は120年生にとどまった。すなわち、松川のサワラの台伐り利用は少なくも幕末には始まっており、昭和初期まで続いていたと見られる。

台伐りが始まった時期は、幕藩体制が揺るぎ明治維新に至る混乱期であり、林野制度も揺らいでいたに違いない。そして、明治維新を迎え、近代的な林野制度が確立し、国有林が機能するまでの時期は、無秩序な森林の利用が行われたのは周知の事実である。こうした中で行われた台伐り施業を考えると、地元民による抜け駆け的利用がありながらも森林保護を意識した施業が行われたともいえる。当時、日本各地では官地における収奪的な森林資源の利用が横行していた。しかし、この地で、台伐り更新により根元から伐採、利用せず、立木本体は残すことで収奪的利用が一定程度抑制された背景には、実は有明山の山岳信仰があったのではないかと考えている。

あがりこ型樹形のサワラがある有明山は、地域住民にとっては、信仰の山であり、修験の山である。天岩戸を放って山となったとの伝説があり、かつては取(戸)放(とっぱなし)山(松本藩国絵図)と呼ばれていた。7月中旬には有明山登拝(奥社祭)がある。安曇野市穂高町にある里宮から山頂の奥宮までは穂高川を登り、その支流黒川沢から表参道が続く。この登山道沿いにあがりこ型樹形のサワラ集団が存在する。一方、松川についても、有明山山頂部に連なる歩道(登山道)が存在する。つまり、ご神体である有明山は、神聖な場所として厳格に保護されてきたものと思われる。したがって、幕藩体制が揺らぎ、明治維新の混乱期にあっても、収奪的な森林資源の利用は抑制された、その結果、より破壊的な皆伐は回避され、樹体の一部を伐採、利用する台伐り施業が採用されてきたものと考えられる。

いずれにせよ、その規模や年代から見て、サワラの台伐り利用は、まず有明山の北側(裏側)の松川地域から始まり、時代を追って表側の黒川沢周辺で行われるようになったと思われる。とはいえ、気になるのは、全く同じ施業が100kmも離れた山梨県の小烏山で行われていたことである。小烏山は、現在、民有林と県有林との境の県有林側に位置している。この場所はかつて藩の所管で、明治維新以降、官地に編入され御料林となった。その後、山梨の大水害を受けて明治44年(1911年)に恩賜林として山梨県に下賜された。こうした歴史的背景を考えれば、むやみやたらに伐採ができるような状況にはなく、有明山と同様、自主的な伐採規制が働いていたと思われる。その結果、木材利用が台伐りとなったのではないだろうか。しかし、100kmも離れた遠隔地ではあるが、同じような森林利用が行われたことに、全く関連がなかったとは言い切れないだろう。考えられるとすれば、林業者の移動と技術的な伝播である。これは明治維新により幕藩体制が崩壊して以降、容易になったのは事実であるが、具体的に何が起きていたのかについては、明らかではない。

では、次に、何を目的とした台伐りなのだろうか？　詳しい情報も得られない上、サワラの台伐りによる利用径級の詳しい調査も行っていないが、これまでの調査で得られたデータから推測してみたい。

松川では、台伐り位置で伐採された立条幹のサイズは平均直径が41.9 ± 13.5cmであり、同じ有明山山麓の黒川沢では20.8 ± 6.4cmであった。興味深いことは、あがりこ型樹形のサワラ林では、あがりこ型ではない単木のサワラも伐採されており、そのサイズは松川で15.0 ～ 37.5cmで、伐採高が地上40 ～ 70cmである。サワラは、材が柔らかいことなどから、家屋の構造材としては用いられず、飯櫃(めしびつ)や柄杓(ひしゃく)、桶などの材料として使われる。しかし、このサイズでは、桶、樽の材としてはサイズが小さすぎるばかりでなく、有明山の山麓部全体で台伐り施業を行うほどの材料を必要としたとは考えにくい。次に考えられるのは、柿葺(こけらぶき)用の柿木羽板である。幅9 ～ 10cm、長さ24 ～ 30cmの板をずらしながら下から平行に重ねて並べ、竹釘で止める。木羽板は、島津藩は米がとれない屋久島で、島民に年貢代わりに屋久スギを伐採し、割って板(平木、盤木)を納めさせたというぐらい換金性が高かったことから、この可能性がある。しかし、あがりこ型樹形木の台伐り時期が幕末から昭和初期まで続いていたことから、この説も否定される。となると残るは、薪材(燃料材)としての利用しか思いつかない。それであれば、小径木でも、比較的集落から遠距離であっても利用は可能である。

では、なぜ、台伐りなのだろうか？　台伐り萌芽更新の利点は、伐採、利用後に不確実性の高い天然更新に頼らず、また植栽、保育といった手間をかけずに確実に次の木材生産を可能にすることである。しかし、当地は私有林や集落の共有林ではなく、藩有林ないし国有林なので、生産技術としての選択ではない。考えられることがあるとすれば、利用規制から採用された可能性ではないだろうか。藩政時代であれば、地元民への土地利用の権利(入会慣行)であり、明治以降であれば、国有林の払い下げがある。台伐りを始めた藩政時代、当地は松本藩の支配下に置かれていた。松本藩は、松本城に藩庁を置き、その城下は約2万人、藩政時代を通じ、この地方の政治経済の中心地であった。そのため、城下の家屋の建築をはじめ、燃料の多くを周辺の森林に依存していた。その結果、江戸末期の濫伐で松本市南部の牛伏川流域が荒廃したという記録(牛伏川砂防工事沿革史編纂会、1935)があるように、松本周辺の山野は荒廃し、自然災害も多発した。

松本藩に隣接する尾張藩では、木曽地方における「木曽五木」のように、利用価値が高いヒノキ、アスナロ、コウヤマキ、ネズコ、サワラなどの針葉樹(“黒木”と呼ばれる)に対し厳しい伐採規制がかけられた。この結果、周辺住民は薪材の不足に悩まされることになった。有明山周辺が藩有林として厳しい規制を受けた証拠はないものの、松本藩の御林は、禁伐の御鷹山を除けば松山と竹山ばかり(所、1980)で、木材は不足していたと思われる。かりに藩としての伐採規制がなかったとしても、隣接地で厳しい伐採規制がある樹木を安易に伐るのは大変なことである。そこで考え付いたのが台伐り法ではなかったか。確かにサワラは、黒木であり、保護対象樹種ではあったが、他の針葉樹に比べ利用価値は高くはない。一説ではサワラ、アスナロが伐採禁止の対象になったのは、ヒノキに似ていて誤伐を恐れたためとの話もある。そこで、抜け道として考え出されたのが、台伐りである。

台伐りであれば、伐採により樹木全体が、また森林が失われるということはなく、国土保全機能はある程度維持される。また、元幹を伐採しているわけではないので木材の収穫ではなく、枝条の採取であると言い訳もできるだろう。こうして、地元民の利用を可能にしたと考えられる。

ところで、台伐りを行った季節であるが、常識的に考えれば、伐採による生理的ストレスや労働力を考えると、夏季は回避されるだろう。また、伐り出した木材の搬出を考えれば、冬期積雪時の雪上伐採が最も都合がよい。実際の作業で、サワラ林の成立する沢沿いの岩石地の場合、高所作業は危険を伴う。第一段目の台伐りはよいが、台伐り位置が二段、三段目になると地上6～8mの高さになる。実際、幹の年輪解析のためのコアの採取に際しては、大変な苦労をした。さすがにこの高さでの伐採には、安全の確保や作業効率上、梯子をかけるなどの必要があったように思われるし、冬期の雪上伐採の方がより安全だと思われた。

松川のサワラ林から最も近い集落である北海渡集落までは3km以上離れており、伐採した木材は少なくともそこまでは運ばねばならない。そのためには、積雪期に橇で運ぶか、融雪洪水時に鉄砲堰で送流するかの運材法がとられたものと思われる。こうした実態を明らかにするためにも、今後、地元での詳しい聞き取り調査の必要がある。

化石燃料が普及する昭和30年代初めまで、木材は煮炊き、暖房の重要な燃料であった。集落周辺の過度な森林利用は、資源的な枯渇状況を生み、ついに奥山の広葉樹ではなく、不向きなサワラに向かっていったとしても不思議ではないだろう。幕末から明治維新の混乱期を過ぎ、近代的な林野制度が確立する中で、無秩序な土地利用、森林利用はなくなり、森林資源の回復が進んで、集落周辺で十分な燃料が得られるようになると、奥山に位置し、火持ちの悪い針葉樹の伐採は影を潜めたのではないかと思われる。

針葉樹は、広葉樹に比べ、火力は高いものの火持ちがよくないことから、薪材としては欠点があるとされる。ただし、針葉樹もよく乾燥したものであれば、十分に使えるし、実際、広く用いられてきた。このように考えると、あがりこ型樹形のサワラが、長野県と山梨県の一部で見つかっただけで、サワラの天然分布域に広く見られないことも納得がゆく。松川では、あがりこ型樹形木の台伐りとともに通常の単木(幹)の伐根も存在し、台伐りと同時に伐採されたことが窺える。しかも、伐採高が地上50cmほどのところにあることから、雪上伐採であった可能性が高い。先に述べたように台伐りにしても、地上6～8mでの伐採は危険を伴うし、伐採した木材の搬出を考えると冬期の雪上伐採・搬出が合理的である。集落から離れた山中で、単木伐採と台伐りをわざわざ別の時期に行うというのも考えにくく、サワラの台伐りもこの時期に行われたものと推察された。

# 第9章　自然が生み出したあがりこ型樹形

## 1. ブナの「あがりこ」もどき

かつて森林総研の同僚であり、現在、鳥取大学の演習林の教授である大住克博君から少雪地帯にもブナのあがりこがあると聞かされていた。場所は伊豆半島の天城山周辺。確かにあがりこは台伐り萌芽更新であり、何も多雪地帯限定である必要はないだろうと考えた。しかし、確認までに時間がかかってしまった。やっと時間がとれて、見に行こうという段になり、改めて大住君に情報を確認、天城峠の八丁池の近く、青スズ台周辺だと知る。そこで旧知の国有林職員で、伊豆森林管理署の菊池豊和君に現地の案内をお願いした。

八丁池に向かう林道の途中から青スズ台に向かう急崖の上に設けられた登山道を登っていくと、間もなく、アセビやリョウブの低木林の中にそれらしい樹形のブナが見られるようになる。地上1.5mぐらいのところから数本の幹が叢生するいわゆる“あがりこ”である。青スズ台は、海側に広く駿河湾、太平洋が、山側には富士山、南アルプスの山々が見渡たせる小高い山頂で、開放的な緩斜面である。周辺には二次林化したブナ林が存在する。その中にあがりこ型樹形のブナが点在していた（写真9-1）。胸高直径は50cm前後で、萌芽位置はほぼ1.3mで揃っていた。また、萌芽した幹数は3本程度であった。なるほど、これが大住君の言うところの「ブナのあがりこ」と確認で

写真9-1　伊豆半島天城山のブナのあがりこもどき

きた。大住情報によると「ブナのあがりこ」はさらに広い範囲に分布しているとのことなので、青スズ台を南側へと下り始めると比較的緩やかな広い斜面に出た。そこにはほぼ純林状に太いブナが存在したが、その多くがあがりこ型のブナであった（写真9-2）。こちらはサイズが胸高直径80〜90cmと太く、萌芽位置も2m前後と少し高い位置にあり、萌芽幹数も5〜10本と多くなっている。さらに下るとあがりこ型樹形のブナはほとんど見られなくなり、単木の通直なブナ林となる（写真9-3）。ただ、そんな中にも、二次林化した場所では、あがりこ型のブナが数本見られ、これらは萌芽位置が3mと高くなっている。

このように全体を見る中であることに気付いた。主幹が多幹になっている位置に人為的な作業を行ったと思われる伐採跡が見られないことと、尾根から下るにつれて萌芽位置が高くなっていることである。しかもあがりこ型があるのは里から最も離れた山頂付近である。このことから天城峠付近に見られる「ブナのあがりこ」は、いわゆる人為的な伐採、利用、台伐り萌芽更新の結果生まれた「あがりこ」ではなく、自然現象の中で形成されたものと推察される。幹が分岐する位置

**写真9-2　天城山のあがりこ型樹形のブナ林**
風衝によって生み出されたものと考えられる。

**写真9-3　伊豆半島天城山に残された太平洋側のブナの天然林**
林床は本来スズタケが優占するが、シカの採食により衰退している。

には、伐採などの痕跡は認められず、稜線部の風衝地に形成される樹形で、強風や氷雪害による幹枝折れが原因と考えられた。

天城峠は、伊豆半島の脊梁山地の一角に位置し、冬期を中心に強い季節風に曝される。また、台風などが通過する際は、遮るものもなく、強風が吹き荒れるであろう。地形的にも、北の修善寺側はなだらかな緩斜面が続くが、南の河津側は急傾斜で一気に谷に落ち、崩壊地地形である。したがって、稜線部は風衝地となり、森林の発達も制限される。この地域の風の強さは有名で、人工林においても、しばしば風倒被害を引き起こしている。

そうした稜線部に生育するブナは、風衝植生であるアセビやリョウブなどの矮性低木林内で更新し、成長する。しかし、ブナの樹高が低木層を抜けると強風に曝され、幹や枝が折られるなどの被害を受ける。その被害を受けた部分から再び側枝が伸びて主幹化し、多幹したブナが形成される。これが天城峠付近のブナのあがりこである。したがって、あがりこ型のブナは稜線部の風衝地に集中的に分布し、風当たりの少ない場所では見られない。また、風当たりによっては、萌芽位置が高くなるようだ。

伊豆半島天城峠のような少雪地帯のブナ林に、もちろん、人為的な伐採、利用によって形成されたあがりこ型のブナがあっても不思議ではないが、人里から遠く離れた山頂部に薪炭材を求める必要性もない。インターネットには、天城峠にブナのあがりこがあるとの情報も掲載されているが、これは間違いである。正しくは、自然によって生み出されたあがりこ型のブナが存在するということである。

## 2. 多雪地帯のブナの天然生あがりこ

あがりこの名の由来は、ブナから始まる。これはもちろん、ブナの冬期雪上における台伐りとそこからの萌芽幹を薪材生産のため繰り返し伐採することから生まれたものである。しかし、こうした人為的な伐採履歴を持たないあがりこ型のブナが存在する。

ブナの幹は、曲げに対し強い。多雪地帯では、他の樹種であれば、積雪に伴う曲げが幹折れにつながるが、ブナについては、特に日本海側のブナで幹枝の内部が折れても破断しにくいとされる(小山ら、2009)。日本海側のブナは幹が内部で折れても、破断しにくいため回復しやすく、乗り切ることができる。つまり、多雪地帯では、ブナは積雪の中で横倒しになり、雪に埋もれ、雪融けとともに雪の中から立ち上がり成長することができる数少ない樹木である。しかし、幹が太くなり、樹高も高くなると、こうしたこともできなくなり、冬季でも幹の上部が雪の上に出て冬を越すことになる。このことから、厳しい風雪に曝されることになり、個体の中には梢端部や枝部に損傷を受けるものも出てくる。こうして積雪面を抜けたところで幹折れや枝抜けが起きる。これは幹の梢端部や枝先が雪に埋もれる中で、幹が立ち上がり、引っ張られて起きる現象である。しかし、ブナは、折れた部分から萌芽し、また側枝が立ち上がることで修復し、その部位で損傷と修復を繰り返す。結果として、台伐りと同様の作用が働き、あがりこに類した樹形となる(写真9-4)。多雪地帯ではよく見られる現象である。

実は雪の作用によって、台伐り萌芽状態が生まれるのは、ブナに限らないようだ。信州大学の若林隆三氏は、亜高山帯の針葉樹林で、雪崩が生み出す樹形に注目し、研究を行ってきた。北アルプスの亜高山帯針葉樹林のオオシラビソは、雪崩により損傷を受けることがしばしばあるが、その被害は必ずしも個体の枯死に結び付くものではないという。例えば、雪崩が走って、積雪面より上の幹が折られたとしても、雪に埋もれた幹や枝は生き残り、その枝が立ち上がって主幹化し、複数の幹を持つ場合がある。これを若林氏はフォークツリーと呼んでいる（若林、2009）。確かにこれは自然の台伐り萌芽と呼ぶべきものであり、その樹形は“あがりこ型樹形”を呈する。しかし、成熟した同一林分での雪崩の発生は、頻繁に起きるものではなく、一過性のものであると思われる。ブナについても、雪崩の影響により、同じようなことは起こり得るのだが、実際に、そのような姿を見たことはない。

これに対し、森林限界付近の風衝地にあるアオモリトドマツは、雪の上に出た幹、枝葉は、風雪に曝され、物理的、生理的に大きな被害を受け、その主幹、枝葉は損傷を受けるだろう。その結果、主幹の折れ、損傷、枯損が発生し、絶えず主幹の交代、多幹化が起きる。こうして生まれた樹形は、矮性化した台伐り状態を呈し、あがりこ型の樹形を生む（写真9-5）。

**写真9-4　多雪地帯のあがりこ型樹形のブナ**

**写真9-5　森林限界におけるアオモリトドマツの樹形**
**（岩手県八幡平）**　主幹の交代を繰り返す。

## 3. カラマツのあがりこ型樹形 ―人為それとも自然？

針葉樹は、一般に萌芽力が乏しく、スギを除けば台伐り萌芽には向かない。先に紹介したヒノキ属のサワラにしても、残された側枝が立ち上がって主幹化し、その繰り返しの中で、あがりこ型樹形が形成されている。こうした例は、カラマツにも見られる。

カラマツは、もともと中部山岳地帯の山地帯を中心に天然分布する。戦後の拡大造林時代に、森林開発が奥地化、高冷地に広がる中で、スギ、ヒノキなど主要な造林樹種の植林が困難となり、その気象条件に適応する有用樹種としてカラマツが採用され、造林が拡大した。現在では、北日本の高海抜地および寒冷な北海道地域に広大なカラマツ人工林をかかえている。このカラマツは、家屋敷や耕地の境界にも植えられたが、後に邪魔となり、台伐りされるケースも見られた。その結果、サワラ同様、側枝が多数主幹化する光景を目にする。将来のあがりこ予備軍である。ところが、典型的なあがりこ型樹形のカラマツの存在が宇都宮大学の逢沢峰昭氏（准教授）から報告され、写真も送られてきた。それではということで、行ってみることにした。

場所は山梨県、赤石山脈（南アルプス山系）の前衛峰の一つ、櫛形山（標高2052m）の登山道周辺である。植生的には、コメツガを主体とする亜高山帯針葉樹林で、稜線部にはダケカンバと天然カラマツが生育している（写真9-6）。あがりこ型樹形のカラマツが多く見られたのは、アヤメ平から裸山を経て櫛形山山頂に向かう登山道の周辺、稜線部である。

あがりこ型樹形のカラマツは、主に稜線部の開放的な草地周辺や広葉樹の二次林、カラマツの人工林内に残された地際の幹周囲が4～6m（直径で1.3～1.9m）の天然木（天然カラマツ）で、巨木、大径木である。その代表的な樹形としては、地上2～3mの位置で、主幹が分岐し、複数の幹が立ち上がる（立条する）。幹の分岐数は3～5本程度で、それぞれの幹はさらに1mほど上で2本程度に分岐する場合も見られる（写真9-7）。以上の樹形からカラマツの主幹が台伐りされ多幹化したいわゆる“あがりこ”のように見受けられる。しかし、詳しく観察してみると、天城山のブナと同様に伐採の跡は見られず、幹折れ、枝折れの痕跡が見られた。すなわち、ここのカラマツは、人間が台伐りを行い、そこから発生した立条幹を何度も伐採、利用して形成されたものではないと考えられた。

では、どのようにしてあがりこ型樹形のカラマツが形成されたのか。それには、櫛形山の標高

**写真9-6　山梨県櫛形山の安定した立地に成立するコメツガ・シラビソ林（左）、風衝地に分布するカラマツの巨木（右）**

と稜線部という立地環境が関係しているものと思われる。櫛形山は南アルプスの前衛峰で、山頂部からは南アルプスの北岳をはじめ3,000m級の山並みが望める。一方、反対側は甲府盆地が広く望め、その先には富士山が見られる。そうしたことを考えると、あがりこ型樹形のカラマツが存在する場所は、冬期、相当厳しい季節風に曝されることが想像される。植生的には、コメツガを主体とする亜高山帯針葉樹林で、稜線部にはダケカンバと天然カラマツが生育している。現在、稜線部には、各所に無立木地(草地)が点在し、裸山付近のようにお花畑化しているところもある。

土地利用の経緯ははっきりしないが、当地は明治40年(1907年)と43年(1910年)の2度にわたる大水害の後、明治44年(1911年)に恩賜林として山梨県に下賜された。戦後は戦時増伐で荒廃した林地にカラマツの造林が広く行われ、その防火帯のなごりが現在も見られる。そうした稜線部に見られるあがりこ型樹形のカラマツは、冬期の季節風に曝され、風害や氷雪害などの気象害を受けることで、幾度となく主幹が欠損したものの成長できたことで、根元部分は肥大成長を果たした。やがて何本かの立条幹が成長し、現在の樹形となったと考えられた。現地で見ても、季節風の影響を強く受けない場所では、あがりこ型樹形のカラマツは見られない。

さらに特徴的だったのは、あがりこ型樹形のカラマツが抜きん出てサイズが大きく、その他の樹木、樹種のサイズが小さいことである。これが意味するところは、あがりこ型樹形のカラマツは、極めて開放的な環境の下で生育し、後にその他の樹木が侵入し、現在の森林を形成したと思われる。そのように考えると、無立木化した稜線部に、先駆的に天然カラマツが侵入したものの、風衝的な環境の下で主幹が健全に成長できず、多幹化し、巨木化したものと思われる。現地で巨木カラマツにつけられた説明板には樹齢300年以上とあった。ただし多幹化している位置が、ほぼ2m前後に揃っていたことは不思議である。積雪深が関係しているとも考えられるが、南アルプスの前衛峰である櫛形山の山頂部で積雪が2mあるというのは考えづらい。

カラマツの萌芽性は、植栽木などを見る限り高いと思われるが、大径の天然木の台伐りについて見ると、立条幹の発生は低いようだ。実際に人工林の中には、台伐りしたものの萌芽幹が発生せず、枯死した個体が見られる(写真9-8)。

写真9-7　あがりこ型樹形のカラマツ

櫛形山を下った翌日、吉田口から富士山五合目(2,300m)まで行き、御中道を御庭まで歩いた。まさに富士山の森林限界あたり、カラマツの低木林が見られる。火山礫の上に新しいカラマツが更新する一方、成長したカラマツは森林限界の厳しい環境の下で、低温と強風、氷雪で樹形は痛めつけられ、一定の高さ以上に樹高が伸びず、矮性化している。こうなるともはや、多幹化した幹を成長させることもできず、成長と損傷を繰り返し、辛うじて生きながらえている状態となるため、あがりこ型樹形のカラマツを見ることはできなかった(写真9-9)。

**写真9-8　カラマツ人工林内に残る台伐りされたカラマツの枯死木(山梨県櫛形山)**

**写真9-9　富士山五合目の森林限界付近の植生(左)、風衝地に生育する矮性化したカラマツ(右)**

# 第10章　現代日本のあがりこ

## 1. 採種園・採穂園のあがりこ型樹形木

あがりこの調査結果を学会で発表し、また、あがりこ(型樹形)に関する雑文を掲載すると、林業関係者から採種園や採穂園内にあがりこ型樹形の樹木が見られ、これは台伐りの結果ではないかとの声がいくつか寄せられた。

スギ、ヒノキ、アカマツなど造林用の苗木は、種子から育成された実生苗が一般的であるが、地域や扱う品種によっては挿し木苗を扱う場合も少なくない。戦後進められた精英樹選抜育種事業では、精英樹家系を育成するため、採種園(種子を採取)や採穂園(挿し木用の挿し穂を採取)が国有林を中心に積極的に造成された。

採種園や採穂園も、種子やさし穂採取の作業効率化のため、果樹園と同様に樹高が高くならぬよう、植栽されたスギやヒノキなどが一定の高さになった時、主幹は切断(この作業を「断幹」と呼ぶが、台伐りと同義)される。本来は、採種園・採穂園の個体は、樹高の低い円錐型の樹冠を持つ樹形を理想として断幹された。そして、何度も断幹し、採取しているうちに結果的にあがりこ型になったのではないかと考えられる。

この台伐りにより形成されたあがりこ型樹形のスギについては、福岡県林業試験場の猪上信義氏から写真を添えて情報が寄せられた。私自身も、岩手県であがりこ型樹形からなる採穂園を見たことがある。そんな折、茨城県の旧笠間営林署の旧小見(おみ)苗畑に採穂木由来のあがりこ型樹形のスギ、ヒノキが残されているとの情報を旧知の池田伸氏(元笠間営林署職員)から得て、早速、現地を案内してもらった。

場所は加波山事件(自由民権運動の過激派が武装し、加波山に立てこもった事件)で有名な茨城県加波山の東山麓の旧八郷町落合集落から一段上がった平坦地で、かつては国有林に植栽するスギ、ヒノキの苗木生産が行われていた。この苗畑の一角に、精英樹選抜育種事業によって選抜された、旧東京営林局管内の優良系統の母樹から採取、育成された苗木が集められて採穂園が設けられていた。

スギ採穂園では、地上1.5～2m付近で主幹が台伐りされ、そこから発生した萌芽幹（枝）から挿し穂を採取し、苗畑で挿し苗を生産したという。一方、萌芽力が劣るヒノキの場合は、下枝を残し、その上部で台伐りし、側枝を伸ばして挿し穂を採取していたようである。その結果、スギは台スギ状になり、ヒノキの場合は箒型の樹形(pollard)となっていた(写真10-1)。いずれにせよ、主幹を台伐りすることにより樹高成長を抑制し、低い位置で効率的に挿し穂を採取するための手段として、採用されたものである。ここで生産された挿し木苗は、一般林地に植栽されたものではなく、精英樹の系統を引き継ぐ採種園の造成のために使われた。

現在、国有林で作られた採種園・採穂園の多くは、国有林野事業で苗木生産を行わなくなった影響でほぼ放置状態にある。これは、国有林で用いる苗木を民間の苗木生産者から購入するようになり、民間の苗木生産者は都道府県が設置した採種園・採穂園を利用していることに起因している。茨城県内では、那珂市にある茨城県林業技術センターの敷地内に採種園・採穂園があり、こちらは適切な管理が行われている。国有林の採種園・採穂園は、時代とともに国有林内にある多くの試験地同様、打ち捨てられ、忘れ去られる運命にあるように思える。伐採を免れ、時間が50年も経過すれば、そこには立派なあがりこ型樹形のスギ・ヒノキ林分が生まれるはずである。国有林の技術の証、歴史遺産として残してもらいたいものである。

写真10-1　採穂園のあがりこ型樹形のスギ(上)と
あがりこ型樹形のヒノキの採穂林(下)

## 2. 増え続けるあがりこ型樹形

### (1)果樹栽培

日本における果樹栽培の歴史は古く、多くは中国大陸から品種が持ち込まれ、さらに日本において品種改良が進む中で、近世以降発展してきた。特に、明治維新によって西欧社会から新たな品種、栽培技術が導入されると、飛躍的に発展した。本来ナシ、リンゴ、柿などの果樹は高さ10m以上になる高木だが、受粉、摘果、収穫、剪定などの作業効率や、台風などの風害を避けるため、十分な日照を確保するためなどの理由により棚仕立て(平棚に枝を誘導し、枝を横に広げる矮性栽

リンゴ園

柿園

ナシ園

梅園

**写真10-2　果樹栽培で形成された現代スペイン型のポラード**

培方法)が用いられる。この矮性栽培法は、高木として成長する果樹を地上1～2mで主幹を伐り、側枝を伸ばし、その上に果実を実らせ、収穫する。その側枝から出る徒長枝については、適度に剪定し、樹高成長を抑制(4m程度)する栽培法である。こうして、いわゆる現代スペイン型と呼ばれるポラード(modern Spanish style of pollard)が形成される(写真10-2)。

日本最古のリンゴの古木は、津軽平野のほぼ中央、つがる市柏桑野木田(旧柏村)の津軽長寿園のリンゴ畑にある。1878年(明治11年)植栽の樹齢132年。日本唯一のリンゴの古木となり、現在もリンゴ栽培上の模範にもなっている。現在、リンゴの栽培は、長野県から北海道南部に至る北日本を中心に広範囲に行われており、その多くは30年程度で樹勢が衰えることから、伐採し植え替えられる。したがって、巨大なリンゴのポラードを見ることは難しい。同じように矮性栽培法が採用されているナシについても、沖縄を除く日本各地で栽培が行われており、主要な生産地は、関東地方である。ここにも果樹園に多くのポラードが存在する。この他、クリ、柿なども同様の方法で栽培され、その栽培園では現代スペイン型のポラードが見られる。

### (2)街路樹・公園樹

日本式庭園では、庭園内に池、山、滝など日本の景観要素を配置し、そこに樹木を植栽して、箱庭的な自然を作り出す。庭園内に植栽された樹木は、剪定などで樹形を整え、成長が抑制される。しかし、台伐り萌芽を使った樹木管理は見られない。

日光市今市の文挾付近から今市市街地に至る例幣使街道、旧日光街道周辺には、杉並木が存在する。300年を超える立派な杉並木で、国の天然記念物の指定も受けている。これ以外にも、江戸時代、江戸から各地に延びる街道筋には、並木が整備されていた。主な樹木は、スギであり、アカマツ、クロマツである。これらの並木は、街道の保護、風、日差し、雨から旅行者を守る役割を持っていた。こちらの並木も、台伐りや枝切りは行われていない。

一方、現在、日本各地の公園内の樹林、道路並木の樹木の多くは、主幹の伐採と側枝の枝打ちなどが行われ、一種の台伐り萌芽樹形化しつつある。こうした傾向は、個人の屋敷内の樹木においても多く見られ、その数は増加している。日本中にあがりこ型樹形の樹木が増えているのである。この背景として、樹木管理の考え方が変化してきたことがある。

当たり前のことだが、樹木は成長する。しかし、この当たり前のことを実は現在の造園業者、緑化業者、設計業者は、あまり考慮していない。それは、かつてのように、植えたらその後の面倒まで見るという仕事のシステムになっていないためである。言い換えれば、植えっぱなし、その時限りの仕事なのである。ところが植えてみると、思いのほか樹木の成長が早く、周囲の電線や電話線、光ファイバーなどの回線に引っかかって、それらを切断する恐れが出てくる。強風が吹けば枝が落ち、人身事故を引き起こす。また、秋の大量落葉は、排水溝を詰まらせ、社会インフラを脅かす。

こうしたことから、これらを管理する行政は、樹木の台伐りと枝打ちを行い、これら樹木によって引き起こされる支障を最小化することに努める。同じことは、都市公園や個人の住宅に植栽された樹木についても言える。特に老齢化した樹木は取り扱いが厄介である。すなわち、老齢化に伴って、樹勢が衰え、梢端部や古枝などが腐朽、劣化し、幹折れや枝落ちが発生し、場合によっては根元部分から倒れることもある。それならば、幹を台伐りし、樹木をコンパクトに管理していこうとするのは自然の流れである。かくして、主幹は台伐りによって詰められ、大枝は落とされ、本来の樹木種の持っている樹高成長や枝張りが抑制され、樹形も変わってしまうことになる。とはいえ、台伐り(pollarding)位置は地上10m位で、その下は主に枝切り(shredding)が行われる(写真10-3)ことから、いわゆる「あがりこ型樹形」とは異なる。

欧米の都市公園や大学構内に入ると、日本で言えば巨木と扱われるようなサイズの樹木が多く存在し、あたかも、欧米に分布する樹木が、日本の樹木より大きく成長できるがごとく錯覚する。もちろん、そうした樹種もあるだろう。しかし大半は、公園や街路樹の取り扱いの違いである。

写真10-3　街路樹とその台伐り・剪定作業

日本の場合は、管理上の理由から主幹伐り、枝落としが行われ、場合によっては存在自体が危険だとして、伐採され、植え直される。そのため、樹木種本来の成長や樹形を見ることができない。例えば、北海道大学の有名なポプラ並木は、危険物扱いになっているし、東京大学のイチョウ並木も、本来の姿が歪められている。

日本の場合は、都市の過密化が著しく、樹木が自然に成長する空間的な余地が限られており、都市空間の中に樹木群を共存させるためには、どうしても台伐りと枝打ちが不可欠である。その結果、ますますあがりこ型樹形樹木が増加している。

さらに最近顕在化しているのが、神社仏閣周辺での台伐りと枝落としである。ここでは、私が最近経験した事例を紹介したいと思う。

森林総合研究所を退職した後、福島県只見町という奥会津の田舎町で数年暮らしたが、ここには、成法寺というお寺があり、その境内には国の重要文化財に指定されている室町時代に創建された観音堂がある。この境内には立派なアカマツが植えられているのだが、観音堂の屋根の葺き替えに合わせるように、先端部を切り落としてしまった(写真10-4)。

これは強風などで、木が折れて建物を損傷することを恐れての措置である。実は、その数年前に同じ集落で、同様の理由から神社の境内にあった大トチノキの枝をすべて伐り落とし、木が枯れてしまうことを恐れ、相談されたことがあった。つまりは、神社仏閣の建物を保護するために周辺の巨木(御神木)の台伐りあるいは枝伐りが行われ、これが結果的にあがりこ型樹形を生み出しているのである。

**写真10-4　神社仏閣の境内の植栽木における台伐りと枝落し**
**福島県只見町成法寺(左)と梁取八幡神社(右)**

## 解説❸ 街路樹、公園樹

日本における伝統的な街路樹はスギ、アカマツ、クロマツである。江戸時代に整備された主要な街道には、街路樹が植えられ、街道とそこを行きかう人々を雨風、日差しから守った。では、現在の街路樹は、どのような樹種が植えられているのだろうか？ 日本の明治維新以降の近代化の中でよく植えられた樹木は、ケヤキ、イチョウ、サクラなどである。東京では明治時代にイチョウ・スズカケノキ・ユリノキ・アオギリ・トチノキ・トウカエデ・エンジュ・ミズキ・トネリコ・アカメガシワの10種を街路樹として定めた（渡辺、2011）。現在も、それらの樹木が大きく育っている場所を見ることができる。

一方、戦後、高度経済成長期には、日本各地で道路や公園など社会インフラの整備が進み、上記以外の多くの樹木が植えられている。その中の代表的なものが、プラタナス、サルスベリなどである。近年になって目立つのは、モミジバフウ、ハナミズキ、ハナノキ、モクレンである。ハナミズキやモクレンなどが増えている理由として挙げられるのは、成長が早く、見栄えがよいうえ、高木にならず、花が楽しめるためである。これらの街路樹、公園樹の多くは、先の管理上の理由から、台伐り・剪定が行われ、あがりこ型樹形（pollard）となっている（写真10-5）。

**写真10-5 各種の街路樹に見られるポラード**
ケヤキ（左上）、ユリノキ（右上）、クリ（左下）、イタリアポプラ（右下）

# 第11章　海外のあがりこ型樹形（pollard）

## 1. ヨーロッパにおけるポラード

欧州各国の農村部には、ポラードと呼ばれる独特の樹形の樹木が存在する。これらは、樹木を地上数mの位置で台伐りし、その部分から発生した萌芽幹あるいは側枝をある周期で繰り返し伐採、利用する中で形成された樹形である。このような樹木の利用法を行う背景として、この地域では放牧が盛んに行われ、多くの家畜が牧野で飼われている他、狩猟も盛んで山野には多くの野生動物が保護され、生息していたことがある。家畜や野生動物は、樹木の下枝を採食し、採食ラインを形成するだけでなく萌芽枝も食べるため、通常の萌芽更新では、萌芽幹が採食され更新が難しくなる。そのため、台伐りが行われるようになったと言われている。

イギリスの場合、ポラードは樹林地内には存在せず、樹林地あるいは農耕地を囲むヘッジ（hedge）と呼ばれる生垣や土塁の上に存在している。主な樹種は、ナラ類、シナノキ、ニレ類で、しばしば巨木化する（写真11-1）。これらのポラードは木材生産を目的とするというよりは、もっぱら所有地の境界に植えられ、数百年にわたって境界を明らかにするものとして維持されてきたようだ。

写真11-1　イギリスのナラのポラード〈奥敬一氏提供〉

一方、ヨーロッパ大陸におけるポラードは、若干様相が異なる。こちらのポラードはサバンナと呼ばれる開放的な草原、採草地や放牧地の中に点在する。一種の混牧林的な取り扱いが行われている。すなわち、放牧、採草地として利用しながら、その中で樹木を台伐りによりポラードとして残し、切り落とした枝葉を主に家畜の飼料や煮炊き、場合によっては、生活資材や家屋の部材として利用する。この草地の中にヘーゼルナッツ、リンゴ、その他果樹を植栽し、ポラードとして育てる場合もある。この草地はpollard meadowと呼ばれる。この他、雑灌木を草地の中に残し、地際の萌芽更新によって維持、利用するcoppice meadowもある（Hæggström, 1998）。

フランス南部では、養蚕が盛んに行われていた。この養蚕法は、日本で栄えた養蚕のように桑の葉を採取し、これを蚕（家蚕）に与えるという方法ではなく、天蚕を桑の枝先に放し、そこで繭の生産を行う方法が採用されている。この方法は第4章2項で紹介した有明天蚕と同じである。これを行うための桑の木の管理法が、いわゆるポラード型の管理である。White mulberry（*Morus alba*）におけるpollarding（台伐り）であり、図鑑などでその樹形が紹介されている（Phillips, 1986）。

ただし、私が実際にヨーロッパにまで足を延ばす機会は少なく、実際のポラードを見る機会はなかった。ただ、カンヌ国際映画祭でグランプリを受賞したブリュノ・デュモン監督の「フランドル」（2006年）という映画の背景に、フランスのフランドル地方の農村景観が映し出され、その中にポラードが映し出されていたのをよく覚えている。ただし、樹種名まではわからなかった。

私がヨーロッパのポラードの事例を探していると知った森林総研の同僚であった金指あや子さんは、フィンランド在住の彼女の友人である宮沢豊宏氏からポラードの画像を手に入れてくれた。フィンランドの自治州であるオーランド諸島のノト自然保護区で見られるオウシュウシラカンバ（*Betula pendula*）とトネリコ（*Fraxinus excelsior*）のポラードであった（写真11-2）。

この台伐り萌芽の目的は、野生動物か放牧している家畜からの食害を避けるため、地際での萌芽更新（coppice）ではなく、台伐り萌芽更新（pollarding）がとられた結果と思われる。実際、柵を設け、樹木を保護している写真も添えられていた（写真11-3）。台伐り位置は、地上2mか

写真11-2　フィンランド　Orland Island, Noto Nature Reserve のポラード　トネリコ *Fraxinus excelsior*（上）、オウシュウシラカンバ *Betula pendula*（下）〈T. Miyasawa氏提供〉

写真11-3　動物の食害からイチイを守るために設けられた防護柵（フィンランド Orland Island）

ら3mほどで、落葉期に伐採が行われている(写真11-4)ところから、枝条はおそらく燃料材として使っているものと思われる。

写真11-4　台伐りされたシラカンバやトネリコの立木(フィンランド Orland Island)　伐採された枝幹は燃料材として利用される。

## 2. アジア地域におけるポラード

アジア大陸もまた内陸部を中心に家畜の放牧が盛んに行われ、古くから広大な放牧地が存在した。放牧は、農業に不向きな降水量が少ない内陸部や気温が低い高山地帯を中心に行われている。こうした場所は、森林が成立しづらい環境であることから、家屋の建築材や燃料材の確保は、この地域にとっては重要な問題となる。

内陸の中央部、特に乾燥が厳しい砂漠地帯では、河川周辺やオアシス周辺でポプラ類が生育する。これらポプラ類は、地域の建築資材や家畜の飼料などとして重要な資源である。ポプラ類は、挿し木などで簡単に植栽することができるが、それを育てるだけの十分な水を確保することは乾燥地帯では大変難しい。また、家畜の放牧も行われていることから、植栽した苗木は家畜の食害を受けることにもなる。そこで、樹木の利用管理に台伐り萌芽更新がとられている。

一度定着したポプラ類は、根系を地中深く張り巡らせ、乾燥地帯においても生育に必要な水分を確保する。その結果、かなりの乾燥に対しても耐性を持ち、長期にわたって樹体を維持することができる。しかし、幼木は根系が十分ではなく、乾燥が続くと枯れてしまう。したがって、根系が発達したポプラは貴重な存在である。そこで、根系が発達したポプラを活かすため地際の伐採をせず、台伐りにより地上部を利用しながら、樹体の維持と木材利用を併用する方が得策なのは自明である。こうして、台伐り萌芽によるポプラ類の利用が一般的なものとなり、その結果、あちこちにポプラのポラードが形成されていった。私自身は、そうしたものを直に見たことはないが、画像を何度か、見せられたことがある。この写真もその一例で、鳥取大学の山中典和氏が内モンゴル自治区で撮影したものである(写真11-5)。

ヤナギ類のポラードについてみると、ヒマラヤ山脈の南側でも見られるようだ。前出の金指あや子さんが、ヒマラヤの小国ブータンを旅行した際、道路脇で多くのヤナギのポラードを発見し、写真を撮り送ってくれた(写真11-6)。台伐り高はおよそ2～3m、一段伐りが多いが、多段伐りのものも見られ、そこから多くの萌芽枝が発生している。道路や水路脇にも列状に植えられているところから、並木としての役割が大きいと思われる。現地を案内したガイドによれば、本体は屋敷の垣根に、萌芽枝は牛など家畜の餌として利用されるとのことであった。実際、伐採直後の裸のポラードもあった(写真11-7)。

それでは、その他の地域ではどうだろうか？　残念ながら、私が四川省、雲南省、安徽省、湖北省と中国大陸を旅する限りでは見ることはできなかった。ところが、大陸から離れた台湾の山岳地帯で、あがりこ型樹形の樹木を見る機会があった。

2012年4月、台湾林業試験所主催で、台湾大学鶏頭演習林(旧東大台湾演習林)で針葉樹人工林の講習会が開かれ、講師の一人として招聘された。講習会が終わった後、主催者の一人の汪大雄

写真11-5　内モンゴル自治区のポプラのポラード〈山中典和氏提供〉

写真11-6　ブータンのヤナギのポラード〈金指あや子氏提供〉

写真11-7　ブータンのヤナギの台伐り萌芽更新〈金指あや子氏提供〉

氏からせっかくの機会なので、どこかを案内しようと言われ、以前、計画して実現できなかった台湾原住民の集落がある霧台行きを希望した。

霧台は原住民の一部族であるルカイ族の集落で、そこへの道すがら私がライフワークとしているキイチゴ類の標本採取を行おうという魂胆であった。この霧台郷には、台湾林業試験所の若い研究員二人が同行した。台湾は、どの地域も同じなのだが、平野部から一気に山岳地帯に駆け上る。そして深い渓谷沿いに道は進むのだが、それこそ断崖絶壁を切り開いて道路が作られているため、恐ろしいことこの上ない。しかも、台湾南部を襲った2009年の台風の影響で、道路はしばしば崩れ落ちたままで、その復旧工事の中を進むといった具合であった。

霧台の中心市街地を抜けると、道路は崩れるに任せ、その間を縫って進んでいく。点在する小さな集落は、斜面崩壊の中にあり、住民たちはすでにその場を離れている。そうして最後の集落に辿り着いた。その先は道がない行き止まりのルカイ族の集落である。ちょうど地元原住民によるエコツーリズムが開かれており、民族衣装の住民が観光客を迎えていた(写真11-8)。

この集落内を散策していると、傾斜地に作られた畑の脇に、台伐り萌芽により作られたあがりこ型樹形の樹木を見つけた(写真11-9)。集落は深い森林に囲まれており、燃料に窮することはないだろうし、牛馬を飼うという文化もないだろうから、結局は畑の刈敷(緑肥)として、枝葉を利用してきた結果と推察された。後日、台湾林業試験所の友人の陳財輝氏に、この樹種名を問い合

**写真11-8　台湾高尾市霧台地区の集落(左)とルカイ族のエコツーリズム(右)**

**写真11-9　台湾霧台地区のあがりこ型樹形木**

わせたが、不明とのこと。台湾の台伐り萌芽(頭木)更新についても、文献にはあるが、果樹栽培以外は見たことがないとの回答であった。また、ウルシ(ハゼノキ)については、台伐りが行われていたとの情報もあるが、これは主に、種子に含まれる蠟の採取が目的だと思われる。

2017年、再び台湾を訪れた際、故宮博物館の隣にある台湾原住民博物館を訪ねた。その原住民の祭事の展示コーナーで、ツォウ(鄒族、曹族)の祭事のビデオが流れていた。その中で集落内の祭事を行っている広場の脇に、まぎれもない「あがりこ」が映し出された。ツォウは、観光地で有名な阿里山周辺に住む台湾原住民の一部族で、闘いの神をたたえる祭りの際に、祭事場に植えられた聖なる木(アコウ *Ficus superba* var, *japonica*)の台伐りした後から出る萌芽枝を3本残し、丸裸にする。この残された枝は、それぞれ、男たちの集会場、頭目の家、そして闘いの神の来る方向を示す。こうして毎年繰り返し行われる祭事による台伐りで、アコウのあがりこ型樹形が形成される。この樹木利用は、台湾先住民(原住民)の植物利用について書かれた本にも紹介されていた(魯ほか、2011)。極めて珍しいケースであり、大変興味深い。次回はぜひ、実物を見てみたいと思っている。

このほかにも、インドシナ半島に位置するタイ、カンボジア、ラオスなどの山岳地帯における森林利用に台伐り萌芽更新が広く行われ、多くのポラードが存在するという。この地域に足を運ぶ機会もなく、実物は見ていないが、鳥取大学の大住君がカンボジアに調査で出向いた際、台伐り萌芽施業(pollarding)の光景を目にし、写真に収めている。彼によれば、当地域では常緑カシ類を中心に台伐り萌芽更新が行われており、主に薪炭材生産が行われているとのことであった(写真11-10)。これらも、萌芽幹の成長を阻害する雑潅木との競争回避、家畜の採食圧回避が目的として行われているものと考えられた。

**写真11-10 カンボジア山岳地帯に見られるポラードと薪炭材生産**〈大住克博氏提供〉

# 第12章 あがりこ型樹形管理(台伐り萌芽更新)の現代的な意義と役割

日本におけるあがりこ型樹形管理(台伐り更新法)は、様々な樹種を対象に、様々な目的をもって行われてきたことは、これまで述べたとおりである。そうした中で、林業的な側面から、その最大の利点は、第一に樹体を殺すことなく、その一部を伐採、利用することで、持続的な木材の生産を可能としていることである。この施業法では、大径の用材生産は難しいが、中小径木の生産は可能である。現在、林業的にあがりこ型樹形管理(台伐り萌芽更新＝台株更新)を行っているのは、京都北山の台スギのみであり、その生産目標は数寄屋造りの建築用材(小丸太)の生産などである。

近年の日本林業を取り巻く環境は、長引く材価の低迷ばかりではなく、賃金の上昇もあって、生産コストが上がり、育成林業における経営経済性は確保されていない。加えて、林業労働者の減少と高齢化が進み、人員の確保のみならず、その技術的な継承すら危ぶまれているのが実状である。そうした中、作業の機械化・効率化、生産コストの低減(低コスト化)などが急務となっている。加えて、野生動物の増加が深刻な林業被害を生み、林業を根底から脅かしている。すなわち、狩猟人口が減少する一方で、シカやツキノワグマ、イノシシなど大型野生動物が急速に増加し、林業被害が拡大し続けている。新植地では、植栽された苗木がシカによって食害を受け、不成績造林地が生まれている(写真12-1)。成長した造林木についても、シカによる樹幹の剝皮被害が多く見られ、ツキノワグマによる、いわゆる皮剝ぎが各地に深刻な林業被害を引き起こしている(小金澤、2008；福田、2010；千葉・鈴木、2011)(写真12-2)。

対象となる造林木は、スギ、ヒノキ、カラマツなどの日本における主要な造林樹種ばかりか、緑化目的の広葉樹も被害を受けている。これを回避するために、新植地にはシカの侵入を防ぐ防

写真12-1　野生動物によるスギの不成績造林地(徳島県上勝町)

護柵が設置され、また、単木的には防護ネットや防護カバーが取りつけられる(写真12-3)。この経費は高額で、現在は補助金が使われているが、防護ネットにせよ、防護柵にせよ、補修、維持管理が必要で、林業経営にとって大きな負担となる。一方、水土保全や二酸化炭素の固定・貯蔵、野生生物の生育・生息場所の確保など、森林の持つ様々な生態学的機能を維持しつつ木材生産を図るための持続可能な森林管理・林業経営が、人工林においても強く求められるようになっている(藤森、2006)。

日本における育成林業の技術体系は、吉野林業における密植・多間伐・長伐期の育林体系(森、1898)を基礎として、明治以降、ヨーロッパ、主にドイツ・オーストリアの森林管理の理論(経理学)を導入し、国有林経営の中で確立してきたものである(山内・柳沢、1973;片山・小沢、1974)。それは皆伐一斉造林により成立した針葉樹の同齢単純林をモデルとしたもので、その取り扱いが育林体系(技術)である(山内・柳沢、1973)。しかし今、林業における低コスト化と鳥獣被害対策、そして持続可能な森林管理(林業経営)が強く求められる中、従来の林業技術には限界が見えてきたと言えるだろう。こうした中で、台伐り萌芽による更新法が育林技術の一つとして見直されてもよいかもしれない。

皆伐後の跡地更新には、一般にhaあたり3,000本前後の苗木が植栽される。この植栽に先立って、地拵えが行われ、苗木を調達し、植栽する手間とお金が必要となる。その後、植栽木の育成のため、雑草木との競争を緩和する下刈りが3～5年行われ、さらにつる伐り、除間伐と一連の初期保育作業が続く。基本的に、この初期保育が適切に行われていれば、人工林として成立させることができる。しかし、この植栽から初期保育までの経費が林業にとって大きなコストとなる。

台伐り萌芽による更新法(あがりこ型樹形管理)の場合、根元から伐採しないので伐採跡地に苗木を植栽する必要がない。スギの場合であれば台伐りして、そこから発生する複数の萌芽枝を立条幹として育成することで、次の木材生産が可能となる。萌芽性のないヒノキ属の場合でも、台伐りする直下の側枝を主幹化させることで、木材の生産が可能となる。日本の造林地で問題となる下刈り作業についても、台伐り位置が地上2m以上と高いため、他の雑草木との競争を回避で

**写真12-2　野生動物による植栽木の被害**　クマ剥ぎ(左)とシカによる剥皮(右)。

き、ほとんど必要がなくなることから省力化と経費の削減につながる。ただし雑灌木は、2m以上に成長・繁茂するので、除伐はある程度必要になるかもしれない。台伐り後の萌芽幹(立条幹)であれ、側枝(幹)であれ、新たに植栽する苗木とは異なり、幹に残る栄養を利用するので間違いなく成長が早くなり、生産期間を短縮することができる。ただし大径木の生産はできない。

森林を根こそぎ伐採する皆伐一斉林施業は、たとえ人工林であっても収穫時には森林生態系を一変させる。林地が一時的に裸地化するため、急傾斜地であれば、土砂の流亡や場合によっては斜面崩壊を引き起こし、国土保全上の大きな問題となる。もちろん、野生動植物の生育・生息場所が奪われることもある。一方、台伐り萌芽更新によるあがりこ型樹形管理の場合、台伐りにより樹冠部は失われるが、元株はそのまま残され、主幹の一部も残る。このため根系は生きたまま残され、再生も素早く行われることから、水土保全機能が大きく損なわれることは少ない。これも、台伐り萌芽更新の長所で、特に斜面崩壊の恐れのある場所では磐梯熱海温泉のケヤキで見られたように有効である(第5章)。

さらに今日的な問題である野生動物による林業被害にも台伐り萌芽更新は有利である。草食性のシカを考えると、皆伐によりシカにとって格好の餌場が形成される。その結果、個体群の集中や増加につながり、植栽された苗木が被害を受ける。現在はシカの被害を回避するために、防護柵や防護ネットなどを設置しなければならず、大きな経費負担となる。しかし、台伐り萌芽更新では、採食高を上回る位置で台伐りすれば、動物被害を回避することができる。これにより特段、獣害対策をとる必要がないのである。造林地であれば、植栽木が成長した後も、イノシシによる押し倒しやシカによる樹幹の剝皮、さらにツキノワグマによる皮剝ぎの被害も発生する(図12-1、写真12-4)。一方、これまでに全国各地で台スギや株スギ、あがりこ型樹形のサワラなどをみてきた

**写真12-3　野生動物による植栽木の被害対策**　防護柵、防護ネットなど。

が、剝皮被害の報告はなく、台伐りは有効と見られる。

以上の利点、長所などから、針葉樹における台伐り萌芽施業(台株更新)は、今日の育成林業の施業の一つとして、十分検討する余地があるように思われる。ただし、先ほどから述べているように、台伐り萌芽更新にも全く問題がないわけではない。まず、第一に、台伐り萌芽更新では大径木の生産を目的とする長伐期施業はなじまない。それは、台木(元株)が立条幹、主幹化した側幹を物理的、生理的に支えきれないためである。次に、収穫の技術的困難性とその収益性である。台伐り萌芽更新の場合、収穫行為は地上2m以上の高所作業となる。しかも、生産材は中小径木である。このことを考えると、伐採・集材・搬出の技術的困難と収益性(経営経済性)は皆伐一斉造林法と比較してかなり劣る可能性がある。台伐り萌芽更新は、ある面、特殊な生産目標と経営形態でのみ可能であると言えるかもしれない。それが、現在唯一、実践されているのが京都北山の台スギなのである。

台伐り萌芽更新法は、歴史的に見ると、草地林業に始まる。ヨーロッパのポラードである。すなわち、採草地、放牧地の中に高木性の樹木、場合によっては果樹を残し、これらを台伐り萌芽によりポラードを仕立て、枝葉を落とし、これを飼料、燃料、その他の木材として利用し、また果樹を栽培するやり方である。日本においても、江戸時代、大和国宇陀郡の吉田安平が試みたクヌギの台伐り萌芽更新では、採草と薪材伐採を同時に行い、台木の高さは8尺(約3.4m)としている(徳川、1941;山内・柳沢、1973)。台木の高さは、採草の障害にならない程度、あるいは萌芽枝の盗伐を防ぐためとされている。第7章3項で紹介した岐阜県関市板取地区でも、元々は採草地の中に株スギが散在し、採草と小丸太生産が同時に行われていたとのことである。

図12-1 野生動物による植栽木の被害は昔から育成林業にとって大きな問題であった(吉野林業大全書より)

写真12-4 近年の狩猟圧の低下で、クマやシカなど大型野生動物の個体数が増加し、林業被害が拡大している

一般に農用林、薪炭林として利用されてきた広葉樹二次林は、萌芽更新により維持されてきた。萌芽更新の利点は、更新の確実性、成長の早さ、初期保育の軽減などが挙げられている。その萌芽更新は、今でも、薪炭材やパルプ用材を生産する広葉樹二次林で広く行われている。しかし、こうした萌芽更新についても、近年ニホンジカの個体数が増加する中、伐採後に発生した萌芽枝が食害を受け、更新が困難となる状況が生まれつつある。これを解消するには、シカの個体数を適正に管理することが求められるが、狩猟人口が減少する中で、これも容易ではない。一方、林地を防護柵で囲いシカを排除する、あるいは萌芽株を防護ネットで保護し、シカの採食を回避するなどの措置も考えられるが、多くの経費と労力を必要とし、林業としての経営を圧迫する。そこで、一つ考えられるのが、台伐り萌芽施業である。欧州のあがりこ型樹形(ポラード)は、狩猟地や放牧地に生息する野生動物、家畜の食害から萌芽枝を守る手段として、導入された育林法であり、薪炭林の更新法としては有効かもしれない。

このような現下の林業を取り巻く環境を考えた場合、あがりこ型樹形管理(台伐り萌芽更新)は一つの技術的選択と言えるかもしれない。

# おわりに

これまで、日本における台伐り萌芽の生態誌を書き綴ってきたが、実は私がこの「あがりこ型樹形」について、本格的に調査を始めたのは、自分の研究生活の最後の数年でしかなかった。それも、正規の研究というよりは、他の仕事のついでにあがりこ(林)を訪ね、そこで簡単な調査を行っただけである。したがって、今風の調査法や解析手法を使った本格的な調査にはなっておらず、記録的なものにとどまった。学会で口頭発表やポスター発表は行ったものの、大した関心も持たれなかった。調査は、最終的にどんな雑誌であっても、論文化して終えようと考えてはいたが、現役時代には果たせず、そうこうするうちに時間だけが過ぎてしまった。また、実際、論文化するにあたっては、補足的な調査が必要で、現役時代であれば可能だったかもしれないが、それも行えず、最終的にこの本をもって取りまとめることとした。

もちろん、雑誌などに寄稿した報告(鈴木、2009)が目に留まり、執筆依頼を受けて雑文をいくつか書いてはいるが、ごく一部の紹介にとどまっている。また、福島県只見町の只見町ブナセンターに勤務中、博物館「ただみ・ブナと川のミュージアム」の企画展で、只見のあがりこを取り上げ、その内容を小冊子化した(鈴木、2014)。同時に第2章で詳しく紹介した只見のブナ、コナラのあがりこ林について、只見町ブナセンター紀要に調査報告としてまとめた。しかし、これらは学術報告というものではない。

これまでに進めてきたあがりこ型樹形の調査では、共同研究者はもとより、様々な方々の協力を得ている。本書で取りまとめることで、ある面、調査結果を独占するような形になってしまうことを大変心苦しく思う。しかし、このまま、調査結果を公表せずに、埋もれ失われていくよりは、何らかの形で公表し、伝えることに価値があると考える。科学的な解析、解釈の上に立つ論文という形で、共同研究者との共著で公表できなかったことを、ともに調査を行った友人たちに謝罪したい。もし、可能であれば、ぜひとも再調査を行い、より科学的な報告を期待したい。

台伐り萌芽更新によって生み出されたあがりこ型樹形は、失われた技術と人と樹木のかかわりを今日に伝える重要な社会的、文化的遺産である。樹形の面白さや巨木化することから巨木、奇木として関心がもたれてきたものの、実のところ、それらが人間の手が加わって生み出されたものとの認識はあまり持たれていなかった。その典型が日本海側に残された天然スギであろう。アシウスギ、株スギ、佐渡の天然スギなどは、その独特な樹形と大きさで、人々の関心を引き付けているが、実はこうした樹木群が人の手が加わって形成されていることは、ほとんど知られていない。それは針葉樹に限ったことではない。ケヤキやトチノキなどといった巨木についても、台伐りの痕跡が認められる。それらの利用形態や目的は様々だが、意図的に行われてきたのは事実である。

写真13-1　北茨城市和尚山の萌芽林内に立つOliver Rackham教授

あがりこ型樹形を生み出す歴史的な背景は興味深く、世界的な共通性も高い。民俗学的にも面白い研究テーマである。ケンブリッジ大学のOliver Rackham教授が、彼の著書の中で、このあがりこ型樹形の樹木(pollard)を研究し、イギリスの農村景観の中の重要な要素であることを書き記している。このOliver教授が来日した際、一緒に茨城県北部の阿武隈高地を歩く機会があった(写真13-1)。その時、消滅しつつある放牧地を眺めながら、立ち尽くしていたのを覚えている。後から考えれば、それはヨーロッパに類似した景観であり、その中に散生するアカマツやコナラをポラードとして見ていたのかもしれない。残念ながら、博士は2015年に亡くなられた。

近年、特に燃料革命以後、相対的に木材への依存度、特に木質エネルギーへの依存度が低下する中、このような草地と台伐り萌芽の利用形態は影を潜め、忘れ去られてきた。しかし、持続可能な資源の一つとして、木質エネルギーの果たす役割を考えた時、資源収奪ではなく、持続的利用を可能とする森林の管理技術として、台伐り萌芽施業は再評価しうるものと考える。

私があがりこ型樹形の樹木に魅せられたのは、その形の面白さばかりでなく、それが形成されるに至った人間のかかわりである。森林は、人間活動によって、その群集組成や林分構造が大きく変化する。言い換えれば、森林の現況を見ることで、過去の森林の利用履歴を知ることができる。また、これを補完するものが、文献であり、人々の記憶である。このような視点で、茨城県北部の阿武隈高地で、調査研究を行ってきた(Suzuki, 2002)。あがりことの出会いは、まさに同じことが樹形にも言えないだろうかと考える機会となった。様々なあがりこ型樹形の樹木を見て回る中で、人のかかわりが樹木の姿を変えるが、時間とともにそのことを人間が忘れてしまい、あたかも自然の営為であるがごとく誤解していることを見てきた。いま、こうしたあがりこ型樹形は、そのユニークな姿や大きさから観光資源として宣伝され、利用が進められている。それ自体は悪いことではないと思うが、一歩進めて、そこから人間の利用の歴史、技術をも学んでほしいと思う。あがりこは、人間と自然が生み出す歴史的所産であることを。

# 引用文献


安曇野市天蚕振興会 HP: http://azumino.tensan.jp/yamako/yamako.html
千葉賢史・鈴木和次郎(2011)富士山国有林におけるヒノキ人工林のニホンジカによる樹皮剥皮被害の現状. 富士学研究8：11-18.
遠藤富太郎(1976)杉の来た道. 215pp. 中央公論社. 東京.
深町加津枝(2000)丹後半島における明治後期以降の里山景観の変化. 京都府レッドデータブック 下. 372-382.
藤森隆郎 (2006) 森林生態学―持続可能な管理の基礎. 480pp. 全国林業改良普及協会. 東京.
福嶋司編(2017)日本の植生(第2版). 196pp. 朝倉書店.
福田夏子(2010)秩父演習林若齢人工林におけるクマ剥ぎの発生経過と分布状況. 東京大学農学部演習林報告 122：17-55.
Hæggström, C. (1998) Pollard meadow: multiple use of human-made nature. In Kirby, K. and Watkins, C.(eds.) "The ecological history of European forests" p3341. CAB International, Walllingford, UK.
長谷川幹夫・帳山朋美・中川正次(2015)富山県有峰における「あがりこ」型樹形を呈するトチノキ優占林分の構造. 中森研63：59-60.
服部真六(2000)岐阜県おもしろ地名考. 146pp. 岐阜県地名文化研究会.
韓海栄・橋詰隼人(1991)コナラの萌芽更新に関する研究(Ⅰ). 壮齢木の伐根における萌芽の発生について. 広葉樹研究6：99-110.
林弥栄(1960)日本産針葉樹の分類と分布. 246pp. 農林出版. 東京.
池田潔彦(2006)同一林分内で各月の新月、満月に伐倒したスギの生材含水率. 静岡県林業技術センター研究報告34：25-30.
猪名川町史編集専門委員会編 (1989) 猪名川町史第2巻、近世. 449pp. 猪名川町.
片山茂樹・小沢今朝芳(1974)経営編、林業技術史第4巻. p1-307. 日林協. 東京.
紙谷智彦(1986)豪雪地帯におけるブナ二次林の再生過程に関する研究(II)：主要構成樹種の伐り株の樹齢と萌芽能力との関係. 日林誌68：127-134.
紙谷智彦(1987)薪炭林としての伐採周期の違いがブナ－ミズナラ二次林の再生後の樹種構成におぼす影響. 日林誌69：29-32.
川尻秀樹・安江保民・大橋英雄・中川一(1989)岐阜県板取村のカブスギ集団の実態. 日林誌71：204-208.
川尻秀樹・中川一(1987)板取村奥牧谷流域のカブスギについて 形成形態から見たカブスギの概要. 35回日林中支講：253-254.
河野昭一(1984)植物の生活史と進化―総論、植物の生活史と進化①(河野昭一編). p1-36. 培風館. 東京.
Kemperman, J.A. and Barnes, B.V. (1976) Clone size in American aspen. Can. J. Bot. 54: 2603-2607.
北村四郎・村田源 (1979) 原色日本植物図鑑木本編(Ⅱ) 545pp. 保育社. 東京.
岸本定吉(1976)炭. 219pp. 丸の内出版. 東京.
小林茂樹(1977)諏訪の風土と生活. 358pp. 下諏訪町.
小金澤正昭(2008)クマとシカを中心とした森林被害と森林生態系への影響. 森林計画研究会報431：14-30.
小山泰弘・丸山勝規・稲村昌弘・土橋幸作(2005)波田学院の森(東筑摩郡波田町)の大径木. 長野県植物研究会誌38：65-69
小山泰弘・高橋誠・武津英太郎・岡田充弘・橋爪丈夫(2009) 異なる地域に成立するブナの枝の強度特性(予報). 日本木材学会講演要旨.
小山泰弘・大住克博・清水裕子(2013)山火事跡地で萌芽更新したコナラ幼齢林の開花結実挙動. 第124回日本森林学会大会講演要旨集.
黒田慶子編著(2008)ナラ枯れと里山の健康. 林業改良普及双書157, 180pp. 全国林業改良普及協会. 東京.
日下部大助(1889)白杉北山丸太撫養法
ますむらひろし(1984)風の三郎(原作 宮沢賢治), 朝日ソノラマ.
水本邦彦(2003)草山の語る近世. 114pp. 山川出版. 東京.
宮誠而(2013)日本一の巨木図鑑. 256pp. 文一総合出版. 東京.
森庄一郎(1898)吉野林業大全書. 239pp
村井三郎(1947)東北地方の主要造林樹種と変種問題. 国土建設造林技術講演集. p131-151. 青森林友会.
村山忠親(2013)原色木材大辞典185種. 255pp. 誠文堂新光社. 東京.
武藤盈・須藤功(2003)写真で綴る昭和30年代農山村の暮らし. 334pp. 農文協. 東京.
中静透・井崎淳平・松井淳・長池卓男(2000)「あがりこ」ブナ林の成因について. 日林誌82：171-178.
中井猛之進(1941)植物学ヲ学ブモノハ一度ハ京大ノ芦生演習林ヲ見ルベシ. 植物研究雑誌17：277.
中元六雄・渡部政善 (1959) 福島県の天然スギ 第一報 本名スギ. 福島県林業指導所研究報告5：16-25.
中野陽介・渡部和子・鈴木和次郎(2013) 2012年、只見地域におけるナラの集団枯損について. 只見町ブナセンター紀要2：23-28.
西川善介(2009)日本林業経済史論3 日本歴史と林業の見直し. 専修大学社会科学年報43：3-71.
小川みふゆ・相場芳爾・渡辺直朗(1999)根萌芽を発生するシウリザクラの根の形態学的・解剖学的特徴. 日林誌81：36-41.
小野寺弘道(1990)雪と森林. わかりやすい林業研究解説シリーズ96：1-81.

大蔵永常(安政6年；1995)広益国産考．336pp．岩波書店．東京．
大スギ等観光活用委員会編（2017）糸魚川大所（蓮華ジオサイト)における天然スギ・ブナについて．116pp．新潟県糸魚川地域振興局．糸魚川．
大阪市立自然史博物館編(1983)北摂の自然．62pp．大阪市立自然史博物館．大阪．
大住克博・石井敦子(2004）コナラの特異的な繁殖早熟性とその生態的意味の解釈．115回日林講演要旨集．
大住克博・石井敦子・島田卓哉(2006)アベマキの萌芽は実生よりもよく伸びる．117回日林講演要旨集．
大住克博(2014)寡雪地域においてポラード管理が行われた理由について．https://www.jstage.jst.go.jp/article/jfsc/125/0/125_85/_article/-char/ja
Phillips, R. (1986) Native and common trees. 160pp. Elm Tree Books, London.
Rackham, O. (1998) Savanna in Europe. In Kirby, K. and Watkins, C.(eds.) "The ecological history of European forests" p1-24. CAB International, Walllingford, UK.
魯丁慧・邱柏宝・林聖峰(2011)鄒族之植物利用．行政院農業委員会林務局．231pp．台北．
Saito, Y., Tsuda, Y., Uchiyama, K., Fukuda, T., Seto,Y., Kim P., Shen, H. and Ide, Y. (2017) Genetic Variation in *Quercus acutissima* Carruth., in Traditional Japanese Rural Forests and Agricultural Landscapes, Revealed by Chloroplast Microsatellite Markers. Forests , 8(11), 451.
酒井暁子(1997)高木性樹木における萌芽の生態学的意味—生活史戦略としての萌芽特性．種生物学研究23:1-12.
坂本喜代蔵(1987)北山杉の今昔と古建築．258pp. 大日本山林会．東京．
象潟町編(2001)象潟町史　通史編(下）913pp．象潟町．
佐久間大輔(2008)里山環境の歴史性を追う．農業および園芸83：183-189.
獅子ヶ鼻湿原保全管理計画策定委員会編（2009）天然記念物「鳥海山獅子ヶ鼻湿原植物群落及び新山溶岩流末端崖と湧水群」緊急調査報告書．にかほ市教育委員会．134pp.
森林総合研究所(2015)ナラ枯れ防除の新展開—面的な管理に向けて—．24pp．森林総合研究所．
Suzuki, W. (2002) Forest vegetation in and around Ogawa Forest reserve in relation to human impacts. In Nakashizuka, T. and Matsumoto, Y. (eds.) " Diversity and interaction in a temperate forest community-Ogawa Forest Reserve of Japan" p27-41. Springer, Tokyo.
鈴木和次郎・菊地賢・金指あや子(2008)あがりこ型樹形を持つサワラ林の林分構造とその形成過程．119回日林講演要旨．
鈴木和次郎(2009)日本における台伐り萌芽の系譜．森林技術803：2-6.
鈴木和次郎・菊地賢・長池卓男(2009a)あがりこ型樹形を持つサワラ2林分の比較．120回日林講演要旨.
鈴木和次郎・菊地賢・縣佐知子（2009b）あがりこ型樹形を持つケヤキ林の林分構造とその形成．56回日生態講演要旨．
鈴木和次郎（2014）あがりこの生態と人々の関わり．40pp．只見町ブナセンター．
鈴木和次郎・菊地賢(2012)只見町に見られる「あがりこ型ブナ林」の林分構造とその形成過程．只見町ブナセンター紀要1：25-31.
鈴木和次郎・中野陽介(2015)あがりこ型樹形のコナラ林の林分構造とその形成過程．只見町ブナセンター紀要4：22-31.
高桑進・米澤信道・綱本逸雄・宮本水文・宮野純次(2009)京都北山におけるアシウスギとオモテスギの分布調査—杉の針葉の新しい計測法の開発. 京都女子大学宗教・文化研究所「研究紀要」22：17-36.
竹中順子(1987)天蚕の里をたずねて．長野県野蚕糸学会誌8：1-20.
龍原哲・山田弘二・明石浩見・大橋聡子・竹内公男(2017)新潟県糸魚川市大所における台杉状天然スギの利用．森林計画誌50：75-84.
タットマン・コンラッド(熊崎実訳)（1998)日本人はどのように森をつくってきたのか．211pp. 築地書館．東京．
田中長嶺(1901)散木利用編第2巻(くぬぎ)．18pp．近藤圭造．
徳川宗敬（1941）江戸時代に於ける造林技術の史的研究．198pp．西ケ原刊行会．
所三男(1980)近世林業史の研究．858pp．吉川弘文館．東京．
新潟県立歴史博物館編(2015)新潟県立歴史博物館常設展示図録．111pp．新潟県立歴史博物館．長岡．
牛伏川砂防工事沿革史編纂会(1935)牛伏川砂防工事沿革史．212pp．牛伏川砂防堰堤期成同盟会．長野．
若林隆三(2009)生ける雪崩記録計としての変形樹．雪崩通信2.
渡辺一夫(2011)公園・神社の樹木　樹木の個性と日本の歴史．173pp．築地書館．東京．
山内倭文夫・柳沢聡雄(1973)造林編・育林．林業技術史第3巻．p143-416．日林協．東京．
山田弘二(2016)後世に語り継ぐ緑の遺産「越後の天然杉」．にいがた緑百年物語32：13-15.
安田喜憲(1980)環境考古学事始．270pp. 日本放送出版協会．東京．
横井秀一(2009)コナラ　日本樹木誌Ⅰ．p287-341．日本林業調査会．東京．

## 謝　辞

本書で取り上げたあがりこ型樹形の生態誌の多くの部分は、以下の共同の調査研究の結果に基づいて書かれている。長野県松川村有明山山麓のあがりこ型樹形のサワラ林の調査・研究は、森林総研の菊地賢、金指あや子両氏とともに行い(鈴木ら、2008)、山梨県小烏山のあがりこ型樹形のサワラ林は、菊地賢、長池卓男(山梨県森林研究所)の両氏と行った(鈴木ら、2009)。岐阜県関市板取地区の株スギの調査研究は、菊地賢、大住克博両氏(当時森林総研)と横井秀一、大洞智弘両氏(岐阜県林業研究所)と行い、北山の台スギ林の調査は、先の大住克博、菊地賢両氏と行った。また、福島県郡山市熱海のあがりこ型樹形のケヤキについては、菊地賢氏と縣佐知子氏(福島森林管理署)と共同で調査研究を行った（鈴木ら、2009b)。福島県只見町のブナのあがりこ林、あがりこ型樹形のコナラ林の調査・研究は、菊地賢氏(森林総研)と中野陽介氏(只見町ブナセンター)らとともに行った(鈴木ら、2012; 2015)。本来、こうした調査研究は学術論文としてまとめるべきものであったが、退職直前ということもあり、また、私の怠慢から結局は発表に至らず、一部を除き、学会での口頭発表にとどまった。最終的には本書で扱うことになってしまい、共同研究者の方々には、大変申し訳ない気持ちでいっぱいである。陳謝するとともに、こうした形での発表をお許しいただき、また、これまでのご協力に対し、心よりお礼申し上げる。

この他、新潟県阿賀町の台スギ、糸魚川市大所の台スギやブナのあがりこ林については、山田弘二氏(NPO法人お山の森の木の学校)が現地案内をして下さった。長野県林業総合センターの小山泰弘氏には、長野県小谷村戸土のブナのあがりこ林を案内していただいた。富山県有峰のあがりこ型樹形のトチノキ林については、長谷川幹夫氏(元富山県林業試験場)と杉田久志氏(元森林総研)が案内をして下さり、また南砺市利賀村のブナのあがりこ林は、両氏と江尻夫妻(moribio森の暮らし研究所)にご案内ただいた。伊豆半島天城山のあがりこ型樹形のブナ林は、伊豆森林管理署の菊池豊和氏が案内して下さった。

同僚であり、共同研究者の一人である大住克博氏には、兵庫県猪名川町の台場クヌギ林を２度にわたって案内していただいた。お礼申し上げる。また、只見町のあがりこ型樹形のコナラ林調査では、渡部和子、熊倉彰、熊倉恵子の各氏(福島県只見町)、新国可奈子氏(新潟県庁)にお手伝いいただいた。お礼申し上げる。

本書に写真の提供と使用を快く承諾して下さった奥敬一氏(富山大学)、長谷川幹夫氏(元富山県林業試験場)、山中和典氏（鳥取大学乾燥地研究センター)、大住克博氏（鳥取大学)、金指あや子氏（元森林総研)、山田弘二氏（NPO法人お山の森の木の学校)、新国勇氏(只見の自然に学ぶ会)、中野陽介氏(只見町ブナセンター)、宮沢豊宏氏に感謝申し上げる。内表紙には、林野庁の平田美沙子さんのあがりこの解説イラスト（「森林技術」2009年12月号掲載)を使用させていただいた。ここにお礼を申し上げます。

本書の原稿については、長野県林業総合センターの小山泰弘氏、鳥取大学の大住克博氏、そして元森林総合研究所の金指あや子氏に目を通していただいた。各氏から貴重な意見と助言を頂戴し、完成度を高めることができた。ここに心からお礼申し上げる。

最後に、菊地賢氏には特別のお礼を申し上げたい。彼は本調査研究において長らく共同研究者として行動をともにし、私の我儘に耐えてお付き合いいただいた。彼の専門は樹木の生態遺伝であり、本来こうした樹木、森林群落の生態学的な研究に力を割くべき研究者ではなかったのだが、当時環境省の希少種プロジェクトで行っていたハナノキ、ユビソヤナギの生態遺伝学的研究の合間(というかついでに)、私の調査に参加してくださった。さぞかし迷惑をおかけしたと思うが、彼の協力なくして本書の出版はなかったと断言できる。本来であれば共著者としたかったが、本書では私の体験やあがりこ樹形に対する個人的な見解を多く記述したこともあり、共著としてまとめることができなかった。菊地氏にお詫びするとともに、重ねて心よりお礼申し上げる。

# 索　引

## あ



## い



## う



## え



## お



## か

## す



## せ



## そ



## た

## ち



## つ



## て



## と



## な



## に



## ね



## の



## は

鈴木和次郎　すずき・わじろう

1950年生まれ。宇都宮大学大学院農学研究科（林学）修了。林野庁北見営林局、林業試験場、独立行政法人森林総合研究所に勤務。専門は造林学、森林生態学。「林地雑草木の生活史」の研究をはじめ、水辺林の長期生態学的研究、針葉樹人工林の持続可能な森林管理・林業経営のモデル事業に従事。定年退職後は、福島県只見町でユネスコのMAB計画における「生物圏保存地域（呼称ユネスコエコパーク）」の登録と関連事業の推進に携わる。
主な著書に、「環境修復のための生態工学」（講談社、共著）、「主張する森林施業論」（日本林業調査会、共著）、「Ecology of Riparian Forests in Japan」（Springer、共著）などがある。

2019年1月31日　初版第1刷発行

あがりこの生態誌

著　者　　鈴木和次郎

発行所　　森と木と人のつながりを考える
㈱日本林業調査会
東京都新宿区四谷2-8 岡本ビル405
TEL 03-6457-8381　FAX 03-6457-8382
http://www.j-fic.com/
J-FIC（ジェイフィック）は、日本林業調査会（Japan Forestry Investigation Committee）の登録商標です。

発行者　　辻　潔

印刷所　　風光舎

定価はカバーに表示してあります。


ISBN978-4-88965-257-4